THE PHILATELIC EXHIBITORS' HANDBOOK -THEMATIC PHILATELY-

競争切手展に出品するリーフの作り方

テーマティク コレクション 編

執筆：榎沢　祐一
監修：特定非営利活動法人 郵趣振興協会

(C) Stampedia, inc.

目次

この本の使い方	P. 2
著者紹介	P. 3
推薦の言葉　　　　　　　　　　　　　　　　　　　　大沼 幸雄	P. 4
収録コレクション概説	P. 5
リーフ編	P. 7 - 113

　　第1回完成作品（JAPEX2009 出品）　　　　P. 7 - 13
　　第2回完成作品（全日本切手展 2010 出品）　P.15 - 23
　　第3回完成作品（JAPEX2010 出品）　　　　P.25 - 35
　　第4回完成作品（PHILANIPPON2011 出品）　P.37 - 47
　　第5回完成作品（全日本切手展 2012 出品）　P.49 - 59
　　第7回完成作品（MALAYSIA2014 出品）　　P.61 - 77
　　第8回完成作品（JAPEX2016 出品）　　　　P.79 - 95
　　第9回完成作品（BANDUNG2018 出品）　　P.97 - 113

著者が収集再開し最初に取り組んだ作品の進化の様子をご覧いただくため第1回完成作品であるJAPEX2009バージョンから最新のBANDUNG2018バージョンまでの8作品を全フレーム紹介しています。なお第6回完成作品（SHARJAH2013出品）は、第5回完成作品と大差ないため、掲載を省略しました。

ノウハウ編　テーマティク郵趣のリーフ作り　１７のＱ＆Ａ　　　　　　P. 115 - 149

この本の使い方

本書はフォトリーの楽しさのーつである「競争的手置」への参加方法を解説した冊子の表紙です。

これまでに出版された作品出願者は3000人以上、あるいは累計のコレクション作品は総制作数を掲載したものが多く、「コレクションを楽しみたい」という声は小さくありません。これから作品を作ろうとする新たな出品者の上にとっても、参考になるコレクションもめずらしいものだけど、これから作品を作ろうとする方にとっては、参考にも、発掘段上の課題が発見か、近くの状態の表情や、出版業界や業界を知ることを知りたい事だからです。

その理由は、既に一度出品して、その後の進化に関してフィブラクトというだけではなく、「正解」を探せばいいこのアドバイスのとしてのメッセージを感じるからです。

そこでこの形にあたって、（1）ここ数年間に行われた国際競争的手置を展示し展示した様子を通じて成長したのが見られたと（2）その過程を通じての変化が見される、と（3）初期と作成した作品からの進化ままだでもなくフォトリーの6ページの画面できるコレクションを掲載することにしました。

しかしこの書籍に登録者が出品物も多くあります。またフォトリーストに認る、過去の自分の未練な気持ちを晴することがためらいと考える方にも多く思いいます。従ってこのような書籍の出版物にご理解いただいた方は多くはありません。

しかし過去の自分が未練な気持ちを与えている一方で、現在の自分の姿により通る方がある以上のみなさんと目信を持って情報を共にる概念できる機会を提供できる方法とならないため、と手入れていただくこととなりました。

なお、現代のフォトリーの楽しみも、自分の足から作品が増えにつくってきています。このため今年の大半を内からフォトリー調度ご覧いただき、事例目的とにすぐに16ページを縮小して印刷しています。

この機能ために、ぜひたくさん作り、それだけのような情報を取得する種類のフレーズが発見することができるのが機能ですが、「スタンドバイ日本版」の各目はレーブと編集に撮影されたレーブを開発するため、このPDFブアイルをダウンロードをサービスも稼働しておりますので、ぜひこ活用ください。

編集委員会「競争的手置に出品するフォトリーの方」

著者紹介

榎沢 祐一（えのさわ ゆういち）1979 年（昭和 54 年）生まれ。

小学校 5 年生で、母の日本戦後記念切手のコレクションに興味をもち、中学 3 年生で、製造面・使用例のバラエティが豊富で安価と言う理由から、楠公はがきのコレクションを行い JUNEX に出品（銀賞）。

高校時代より郵趣を中断したものの、成年後、mixi を通じて板橋祐己氏と知り合い、切手収集を再開。会社員生活の中で、当時、Power Point を使ってプレゼンテーションをする場が多かったため、その技能を生かせる分野としてテーマティク収集に傾倒しました。

筆者は、交通全般に興味があり、かつ、多くの人が興味はあってもメインで手掛けない分野として地下鉄をテーマにしたいと考えたものの、氏より、地下鉄より路面電車（トラム）は郵便史的な広がりもあるという助言をもとに、両者を内包する都市交通分野をテーマに収集を開始。

2008 年に韓国で開催された国際展以来、大沼幸雄氏、内藤陽介氏に師事しながら、国際展への出品を通じて、競争展の楽しさに目覚めました。

FIP 審査員モレノ氏（現ヨーロッパ郵趣連合プレジデント）の FIP セミナーでの講演（インドネシア・2013 年）での発言に感銘を受け、以降、自身の審査活動のモットーは「審査の目的は（単なる評価ではなく）出品者の次回出品への意欲を高めて頂くこと」としています。

＜郵趣活動＞
公益財団法人日本郵趣協会 国際委員長 兼「郵趣研究」ワーキンググループ委員　兼　登録審査員

推薦のことば

大沢 幸雄

このハンドブックは、テーマ別に書かれた作品が生まれるまでの経緯とその作品をフレーズ譜から首尾一貫して、まだうたわれていないユニークな構成本です。概略、テーマ・タイトルへの関わりが書かれていますが、内容は、良い演奏者がいないから、ひとまず先生方に演奏をつなげようとも読めます。

この著の構成は次の三点に要約されます。

第一に、どのようなプロセスを経て作詞したかが明確に理解できる点です。例えば、「雨下氷菓」や「白い天秤」、タイトルからして洒落ていますが、「銀市赤道」について一目読めて、最終版が単語を打ち出すために、「ドラム」に終始に持いた行を選びました。これらの気持ちを選んで独自の選ばれているのが良い点です。シンプルからエキストラの書にあたるまでは、リーフの各々の手続が巧妙に選ばれ密度の高い演奏が求められています。様々な奏者のバランス等、音事の配置からされた感を繰り返し感じとることが分かります。いい暮れ、大空のフィット、マテリアルな配置のバランス等、音事の配置に出題されるものについても、より多彩になります。

第三に、出題者が、自己と接いている見開きを17項目にまとめます。Q&Aでも、具体的に、邁確に工寧に説明を加えているとことです。例えば、0、14における「縮小演奏家等の重要事物」に関する「エントリィップ作品は、経験保留と演奏の著作における非日常的喜び、テーマ別譜、プレゼンテーション）が55%を占めています。従い、初級・中級の抜藁です。いわゆる場面小演奏者（パーリスト、テーマ別譜、プレゼンテーション）が55%を占めています。従い、初級・中級の抜藁です。いわゆる場面の集散案も、まずその部分が演奏者ですが、はるかに効率的で、また0、17における各奏者と共の体保つ画白さ等でもすがつき、まずその部分が演奏者ですが、はるかに効率的で、また0、17における各奏者と共の体保つ画白さ等ですがあり、その声質はキャスを抱える演技はこれに非常に傾斜に憧憬します。

第四に、彼が目にば価値があります。本書の行間には、著者が大切にした目的的な演奏者の理解に重要を取り組んた目的の本が得られます。まだの他への理解するべき言葉の本も、遺憾なき演奏内容でも、ダイナミックに等々でんにすべきの感があります。著者の理解するべき言葉の本も、遺憾なき演奏本容を再生では、書奏音のアイデアまなっても、それでもでんにす、本書のフレース、あなたは「奏者」を獲得したキーワードです。2009年にJAPEXに初めてフレームで出題してから、わずか10年で8フレームに演奏に出題された「奏者」を獲得したキーワードです。業者様もこに種類に追いだけで、きちんと演奏信記に置いています。

この本は、初版をスタートに、シリーズの第二弾として、初級・中級を対象としています。しかし作品性では、最終段階に「書かが先にあ」ここに大きな良かです。この譜次は、「奏える者けはこと」を演出に与えてくれるとい、上級者にも広く先に目を調えの役割を果たす、上級者間のみも一読をお薦めします。

収録コレクション概説

「テーマティク」とは、雑駁に申しますと、競争展の1分野として、1つの主題（訴えたいこと、語りたいこと）を、世界中のあらゆる切手、はがきなど、郵便関連アイテムに描かれた図案・文字などを使いながら、凡そA4サイズ大の紙（リーフ）に、なるべく空白が出ないように貼り付け、ストーリー形式で説明文を付記してプレゼンテーションする分野です。リーフは16ページを1単位として「フレーム」と呼び、国際展では5フレーム（80ページ）または、8フレーム（128ページ。100点中、過去10年以内に85点以上を獲得した作品のみ出品可能）で構成されます。

詳細は、各完成作品の説明に譲りますが、当初、私は地下鉄を主題としたいと考えていました。しかし、それだけですと主題を語るために必要なアイテムが少ない（競争展の規定に見合う分量のリーフが作れない）ことが分かったため、主題の範囲を都市鉄道に広げました。

第2回〜第3回作品では、作品の規模拡大に伴い、さらに主題の範囲を都市交通全般に広げました。しかし、これだけですと、作品全体が逆に散漫な印象になったため、第4回では、都市交通の中でも、レールの上を走る交通機関（地下鉄、路面電車、新交通システム、通勤電車など）に対象を絞り、主題を「都市軌道交通」に狭めました。

さらに、第5回完成作品では、現代の競争展での審査基準では、「主題の専門性」が審査評価上、プラスに加味されてくることが分かったので、国際展での金賞獲得を目指すために、対象範囲を「トラム（路面軌道交通）」にまで狭めました。

このように私の作品の主題は変遷をたどっていますが、作品の構成としては、第1回作品を除きますと、一貫して都市交通の現代までの「歴史」を辿っています。第2回、第3回は、前史として古代都市での道路整備までを対象としていますが、第4回以降は、都市交通発展の契機となった産業革命以降のみを対象としています。さらに第5回では、技術分野の作品として、前述の「専門性」を強固にするため、交通機関の進歩の基盤となった基礎技術の進歩も掘り下げています。

なお、第1回作品では、歴史に加えて、都市交通の類型や、芸術の題材として取り扱われた事例など、分類的なまとめ方をしている点で、他の作品と異なりますが、このようなまとめ方もテーマティク作品の1つの手法ではあります。ただ、私の場合は、都市交通の技術発展の契機となった外的要因（環境意識の高まり、戦争による都市部の破壊、都市計画）が、ストーリーを語るうえで、作品の内容を分かりやすくするものと考えました。その点で分類的な要素まで1つの作品で触れることは難しいため、第2回以降は、作品全体を通して1つの編年体の歴史としてまとめています。

技術史、特にこのような応用技術の歴史を取り扱う時の難しさは、各国で同時多発的に発展しているものを、どうまとめるかにもあるかと思われます。その回答としては、テーマティク作品は、学術論文ではなく、あくまでも専門的なことを楽しく、分かりやすくストーリーで理解してもらうことが目的でありますので、興味深いマテリアルを交えたり、なるべく用いられるエピソードは代表例に絞って取りあげることをモットーにしています。

榎沢 祐一

第1回完成作品（JAPEX 2009 出品）

TItle & Plan	Developement	Innovation	Thematic Knowledge & Study	Philatelic Knowledge & Study	Condition	Rarity	Presentation	Total
	26 / 35		22 / 30		22 / 30		4 / 5	74

「地下鉄」を対象にコレクションを進めると、行き詰まりがあることを見越して、自己紹介の項で記載しました通り、板橋氏からの助言で、トラムを対象に含めました。ただ、その後、考えを突き詰めたところ、モノレールや新交通システムまでを対象に入れて「都市鉄道」と言う括りにした方が、短期間にマテリアルを集めやすく、歴史的な流れが視覚的にわかりやすいと考え、まとめた作品です。

リーフ作りの基盤ですが、筆者は都内在住で「切手の博物館」に行きやすいことから、同館の開架書棚で気軽に眺められる、過去の JAPEX 小倉譲賞作品の記念出版物を見様見真似で作っていました。なお、大前提として筆者はこの前年 2008 年に韓国で開催された国際展を見学したため、国際展上位作品のリーフの作り方を学んでいます。

テーマティク作品の場合、リーフに穴を開けるなど、他部門と比べて、「工作」の要素が多い分野です（第 3 回完成作品の項参照）。この「工作」の要素は書物に印刷されたリーフからは分からないため、実際の展示物を見て原理を学びました。文字とマテリアルのバランスは、国際展上位作品のリーフの「工作」的要素は学びつつも前述の小倉賞作品を模倣しており、日本的な作りになっています。

筆者は国際展と国内展の上位作品の違いを、偶然、このような形で知ったため、ある意味、国内展の出品時は、国内展のやり方に「適応」しようと言う意識が働いていました。（当時の審査基準を知りえることはできませんが、少なくとも筆者が担当する現在の日本国内の競争展審査は、国際展の動向を取り込むことが原則でありますので、そのような配慮は不要です。）

仮に、今これからテーマティク作品のリーフ作りをゼロから始めたい人がいれば、真っ先に、国際展の中堅作品（金銀賞受賞作品）、それも自分と同じ分野（※）の作品を参考にするのが近道だとアドバイスすることでしょう。

大金銀賞以上の作品の場合、ともすると派手で人目を引く部分に、目が行きがちで、かつ、その模倣に大切な自分の力を注ぎきってしまう恐れがあります。本稿の「リーフの作り方」の目的を、「国際展でのポイントアップを効率的に狙う」という点に焦点を定めるならば、初期の段階では、マテリアルと書き込みのバランスを体感的に習得する点に力を注いだ方が、地味ですが近道です。

※ 国際展のテーマティク作品は、自然、文化、技術の 3 つの分野別にエントリーする仕組みになっています。日本からの国際展上位作品は、近年多くなってきましたが、それでも、層の偏りがあります。例えば、「蝶」をテーマにする人が、身近に自然分野の上位作品のお手本が無いために、「自動車」の作品を参考にしても、自作の参考にはしづらいことが予測されます。
　仮に「蝶」のテーマの人が、国際展の会場で、自分と同じテーマとまったく同じ「蝶」の作品を見つけられなくても、同じ自然分野の「鳥」のテーマの作品を参考にすることは容易であり、技術分野の「自動車」作品よりも、学ぶことが多いでしょう。筆者のテーマは「トラム」という他にないテーマですが、「鉄道」、「自動車」、「飛行機」など交通機関の作品を参考にしています。

都市鉄道
― 馬車鉄道から始まりにおける、成立の条件 ―

1905.9.4 メルボルン（豪州内宛）
タスマニア・ホバート発メルボルン宛の絵葉書

本作品は、19世紀中ごろから20世紀初頭までの、都市内の交通機関として発達してきた「都市鉄道」を扱う。

都市鉄道は、大都市圏の近距離交通として、限られた地域の中で旅客輸送に従事する鉄道であり、その成立条件は、以下に記述する。

1. 街中から効率よく旅客を運ぶ「都市鉄道」の登場
2. 多数の乗客を輸送しうる、大量輸送が可能なこと。
3. 運転速度の向上により、所要時間の短縮が可能であること。
4. 運行頻度を高めることで、高密度運転を可能にすること。

これらの都市鉄道の発達は、多くが19世紀後半以降の電気鉄道の発達と普及によるが、その源流には、19世紀前半の都市内交通の歴史があり、アメリカ合衆国のニューヨークで1832年から営業された、馬車鉄道にあるとされている。

本作品は、これらの都市鉄道の発達の歴史を、その成立の条件について考察するものとして、郵便切手類の素材によって紐解くことを目的としている。

また、日本を含む東洋の諸国にも、都市鉄道は存在するが、本作品は、ヨーロッパとアメリカ合衆国における都市鉄道の発達を対象とする。

リーフプラン

ページ		
1 都市鉄道の登場		
1.1 馬車鉄道からの発達	5-8	1
1.1.1 馬車鉄道	9-10	1
1.1.2 蒸気機関	11-12	1
1.1.3 電気モーター蒸気車	13-16	1
1.2 路面電車の発達	17-18	2
2 都市鉄道の発達		
2.1 路面電車の発達	19-22	4
2.1.1 路線網	23-24	2
2.2 多目的化	25-26	2
2.3 運転速度向上	27-28	2
2.4 高頻度運転の実現	29-30	2
2.4.1 複線化	31-32	2
3 発達と安全性		
3.1 安全性の確保	33	1
3.1.1 パンタグラフ（集電装置）の発達	34-35	1
3.1.2 ブレーキの改良	36	1
3.2 運転安全性の向上	37-39	1
3.3 都市環境との協調	40	1
3.3.1 美観の観点から	41-43	1
3.4 都市鉄道としての今日	44	1
3.4.1 多目的化するLRTの登場	45-46	2
3.4.2	47-48	2

1 都市鉄道の登場

1.1 馬車鉄道からの発達

1897.10.5 日本宛（絵葉書）
ブタペスト、アンドラーシ大通り

都市鉄道は、1832年にニューヨークのブロードウェイで開業した馬車鉄道が最初とされ、ヨーロッパでは1860年代にロンドンやパリで開業し、都市内の交通機関としての機能を果たすようになった。

ストックホルムの馬車鉄道

ポーランドの馬車鉄道

スロバキアの馬車鉄道

イギリスのマン島の馬車鉄道

1.1.1 馬車鉄道

ドイツ・アメリカの馬車鉄道

イギリスの馬車鉄道

ウルグアイの馬車鉄道開業100周年（1973）

1.1 馬車鉄道からの発達

1.1.1 馬車鉄道

アメリカの外信葉書 1972.4.1 発行
ミルウォーキー発

日本人が初めて目にした路面電車はアメリカの「都市鉄道」と言われており、その後、世界各国の主要都市における都市内交通機関として普及した。

1.1.2 蒸気動力による牽引の開始

メルボルンのケーブルカー

ケーブルカー（路面）

ニューヨーク市のケーブルカー

ニュージーランドのケーブルカー

高架鉄道による電気運転の試み、その中のひとつとして、馬車鉄道やケーブルカーに代わって、蒸気機関車による都市鉄道の発達が始まった。

1.1.3 蒸気モーター電車

蒸気モーターと蒸気動力の試み

ハンガリーの蒸気モーター電車

ガンビアの蒸気モーター電車

蒸気動力の電車は、1872年にフランスのパリで、それをベースにニューヨークで開業された。その後も、多くの都市で採用された蒸気機関車は、エドワード・ギャレッドの発明による、蒸気モーター電車であった。

1.1.3 蒸気モーター電車

マン島のダグラスで運行されるケーブルカー

ニュージーランドのケーブルカー

ニュージーランドのケーブルカー

馬車鉄道は、ケーブルカーと電車の発達により、輸送力の面で限界に達したため、速度などの面で発達した電気鉄道に取って代わられた。

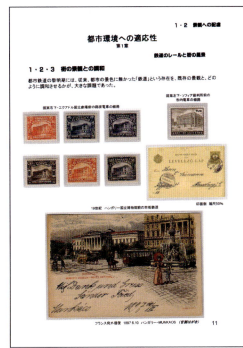

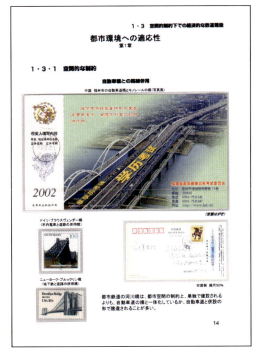

第1回完成作品（JAPEX2009出品）第1フレーム

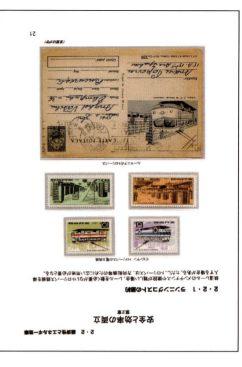

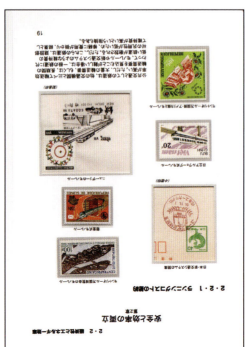

第1回完成作品（JAPEX2009出品）第2フレーム

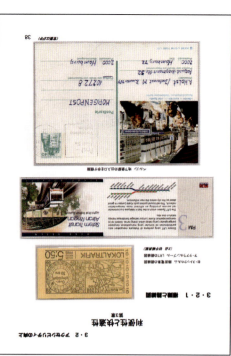

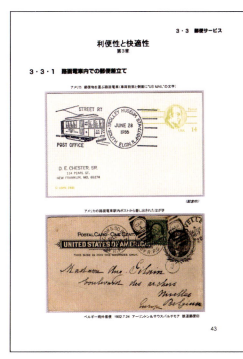

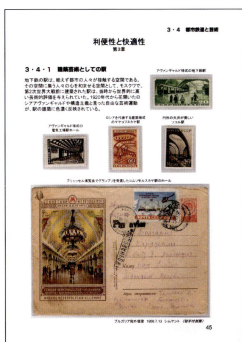

第1回完成作品（JAPEX2009 出品）第3フレーム

第 2 回完成作品（全日本切手展 2010 出品）

TItle & Plan	Developement	Innovation	Thematic Knowledge & Study	Philatelic Knowledge & Study	Condition	Rarity	Presentation	Total
								74

第1回目が3フレームでの作品でしたので、国際展への出品を目指していた筆者は、出品資格の最低基準である金銀賞を獲得するとともに、作品のフレーム数を国際展の規定フレーム数である5フレームまで拡大することも同時に行うという二兎を追っていました。

この段階では、4フレームまでの大規模化にとどまりましたが、一言で言って、規模の大規模化を焦る中で、審査員の百合野さんからの指摘で気づくことになりますがストーリーが横道に逸れる部分が散見される作品となりました。前回2009年秋の出品から、半年も経過していない中での出品で1フレーム増やしたわけですので、無理が生じ、雑な作りになったというのが、正直なところです。前回が74点で大銀賞でしたので、金銀賞まであと1点と言う心理的な焦りと期待感が、拙速な作品作りに繋がってしまったものと、今は冷静に考え分析しています。これは、どの分野の人にも共通するところです。第1回完成作品で、「あと1点で金銀賞ですね」と鈴木審査員にお話をしたところ、「その1点が大変なんだよ」とおっしゃっていましたが、まさに、この言葉の通りになった出品でした。

競争展で点数が落ちたときは、誰しもショックを受けることが多いと思いますが、筆者の作品出品の過程でも、この経験（実際は、当時のJAPEXと全日本切手展は、点数と賞の対応関係が異なるのですが、賞自体の名称は大銀賞から銀賞となったインパクトがありました。）と後述の第4回完成作品の出品と、2回ありました。

しかし、私の場合、2回とも人格者の審査員の方に審査頂いたので、挫折せずに済んだのだと思います。百合野さんからは、今から考えますと私に対して、「郵趣センスがある」など、大変フォローするようなコメントの配慮もされ、その時は存じ上げなかったのですが、ご本業の教育者として、手を差し伸べて頂いたのだと考えています。

リーフづくりの観点からは、前作よりフォントを見やすくする点にはこだわっていましたので、この点が、次回作品に生きたという点が唯一の収穫です。具体的には、文字を大きく、かつ、文字の太さを太くすることです。フォントは作品の印象を大きく変えるため、何度も吟味してみると良いでしょう。

都市交通の発達史

ページ	
リーフ	
1	都市交通発達史の概略（19世紀都市交通史）
1.1	近代都市の発生と交通	3-5
1.2	都市交通のさきがけ	6-7
1.3	近代都市のさきがけとしての交通革命	8-14
2	都市交通の発達（19世紀後半～20世紀初頭）
2.1	鉄道馬車および路面電車の登場	17-19
2.2	電化による路面電車および市営交通の発展	20-28
2.3	都市間交通路を支える車両 ー 路面電車	29-31
3	都市交通を担う方式の発達と変遷（20世紀初頭～）
3.1	路面電車から地下鉄への変遷	32-37
3.2	パス交通の発達	38-40
3.3	上海・輸送能力を備えた高速鉄道	41-44
3.4	急行交通システム ー 都市高速モノレール	45-48
4	都市交通の今後（環境問題など）
4.1	都市交通と環境	49-50
4.2	都市交通機関の発達と変化	51-53
4.3	まちと交通機関の発達	54-57
4.4	地下鉄道	58-61
4.5	水上交通	62
4.6	今後の都市交通と交通に関連する技術革新	63-64

※特徴的なもの（注：ステーショナリーのコピーは、一部原寸大の50％です。）

1-1 近代都市の発生と交通

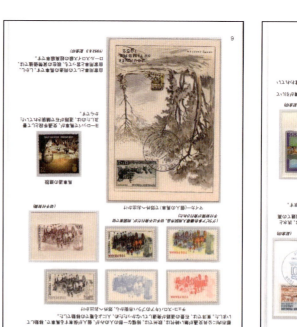

1-2 個人用馬車での移動

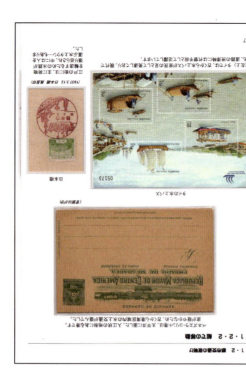

1-2-2 街馬車の登場

1-3-1 鉄道事業による都市化

1-2-1 鉄道事業による都市化

1-1 近代都市の発生と交通

1-1 近代都市の発生と交通

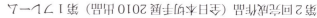

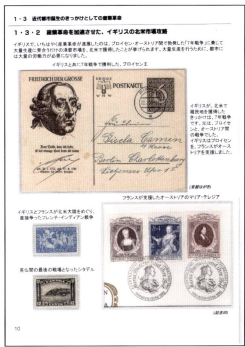

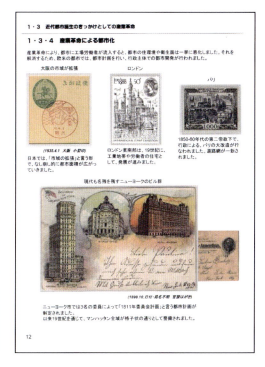

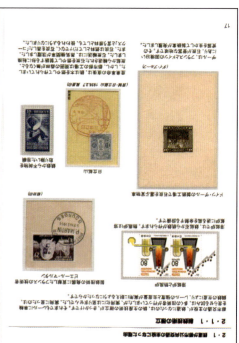

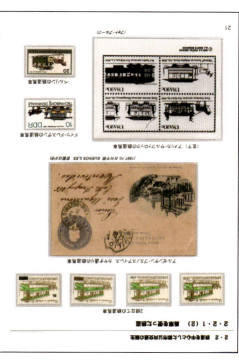

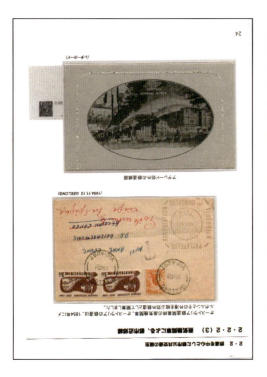

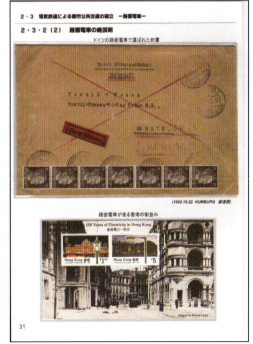

第2回完成作品（全日本切手展2010出品）第2フレーム　　　19

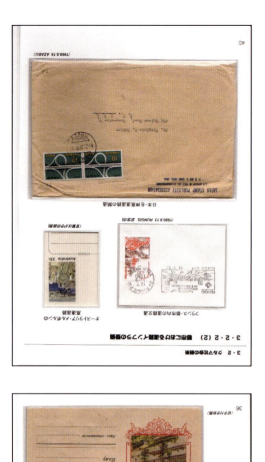

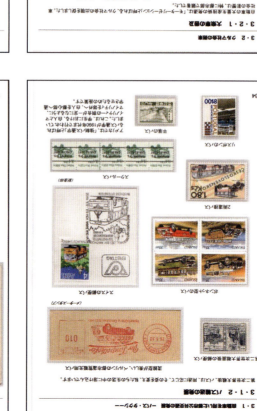
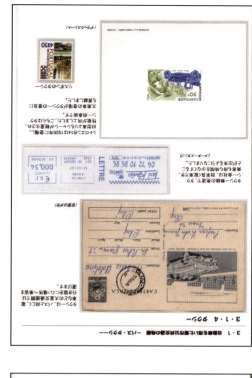
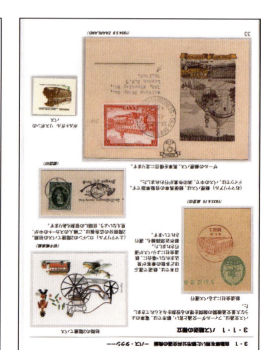

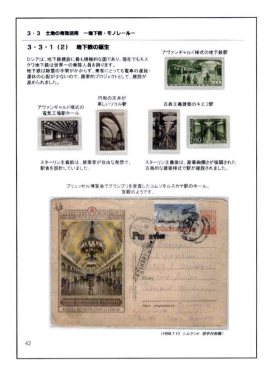

4.1 道路の効果を評価しよう
4.1.1 道路網の発達

4.1.2 鉄道による発達

4.2 公共交通機関を整備する
4.2.1 路面の併用軌道

4.2 公共交通機関を整備する
4.2.1 (2) 路面の併用軌道

4.2 公共交通機関を整備する
4.2 都市化の進展

4.3 まちづくりと都市交通
4.3.1 地図による都市計画 (1) 都市の目抜き通り

4.3 まちづくり都市交通
4.3.1 地図による都市計画 (2)

4.3 まちづくり都市交通
4.3.2 郵便物にみる、まちづくり

第3回完成作品（JAPEX2010 出品）

TItle & Plan	Developement	Innovation	Thematic Knowledge & Study	Philatelic Knowledge & Study	Condition	Rarity	Presentation	Total
			29 / 35			26 / 30		

29 / 35			26 / 30		24 / 30		4 / 5	83

第2回のときの反省を生かし、都市の公共交通の通史を5フレームでオーソドックスにまとめた作品です。リーフの作りは、前2回の経験を活かし、文字の大きさ・分量とマテリアルのバランスが体感的に分かってきた感覚がありました（その次の出品で大きな失敗をするのですが）。

テーマティクの場合、あらゆるマテリアルをバランス良く配置することが評点の向上に欠かせません。単なる美観（＝プレゼンテーション）だけでなく、郵趣知識（「マテリアルの多様性」と言う言葉により表現される「様々なマテリアルが万遍なく使われているかどうか？」という指標）においては、この配置の仕方がキーになります。

カバーやステーショナリーのような「大物」と、切手のような「小物」を混ぜ合わせて、双方のストーリーを成立させつつも、視覚上、どのリーフでも万遍なく様々なマテリアルを取り混ぜるという点に難しさがあります。

テーマティク作品をこれから作りたいと思う方が参考にするのであれば、この時のリーフを参考にして頂くのが作りやすいものと思われます。ダブルリーフ（リーフ2枚分を横につなげた大型リーフ。A4サイズの紙をリーフに使っていれば、A3がダブルリーフになります）もなく、テーマティク作品独特の基本的なプレゼンテーション・テクニックも一通り駆使していますので、適度な難易度だと考えるからです。

ここで、特筆したいテクニックは「ウインドウ」と言うテクニックです。マテリアルで切手や消印以外の競争展のプレゼンテーションには不必要な部分を隠すテクニックです。テクニックと言っても、カッターナイフでリーフに切れ込みを入れて、プラスティックにくるんだマテリアルをリーフの後ろから両面テープで固定するというだけなのですが。これだけでも見栄えが大きく変わります。

結果、大金銀賞と小倉譲賞を受賞することが出来ました。ただ、この時のリーフの作り方は、第1回完成作品の原稿で書いた通り、あくまでも国内展仕様でしたので、国際展に向けて、どのようなリーフづくりをしなければいけないか、暗中模索の状態でした。

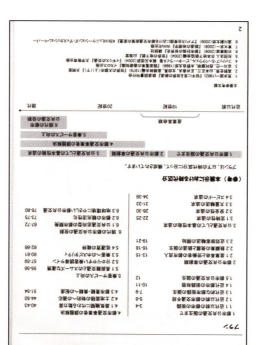

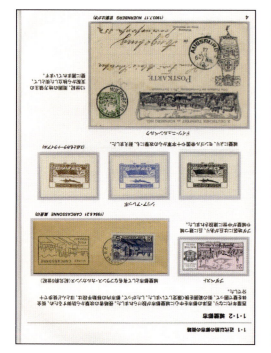

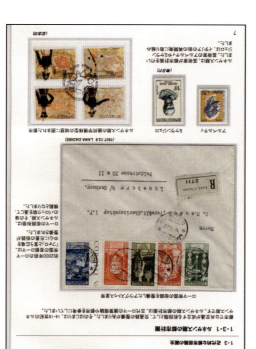

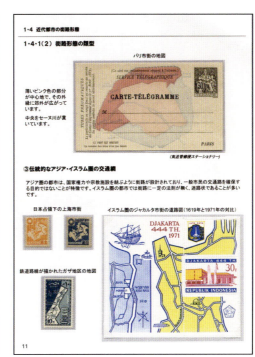
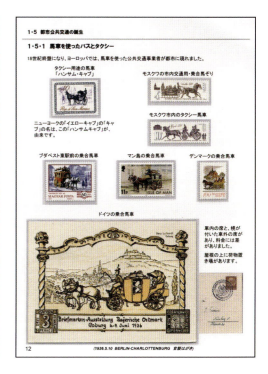

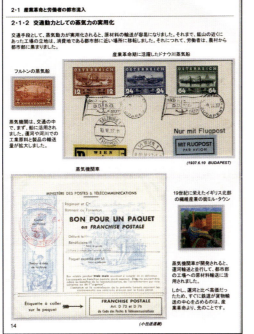

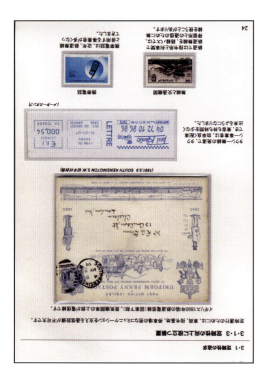

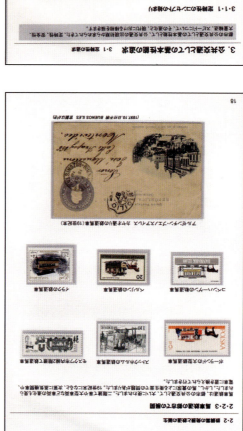

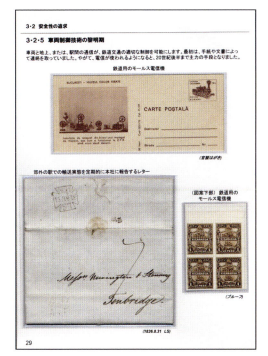

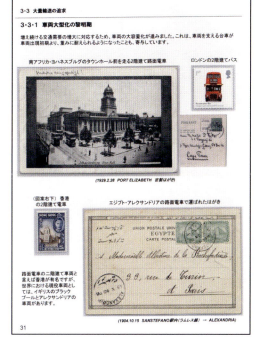

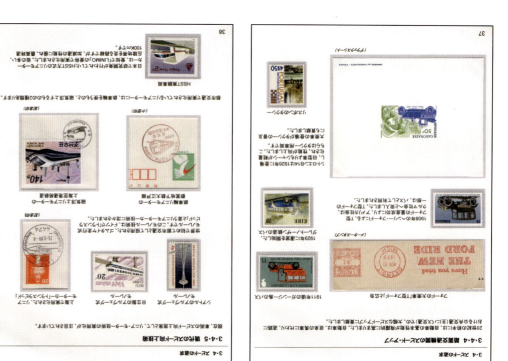

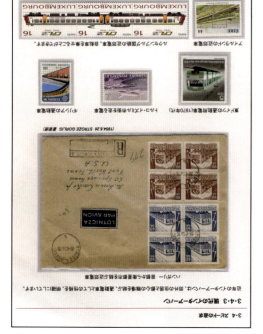

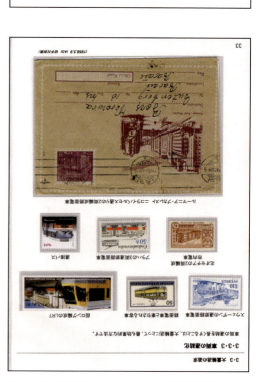

第３回完成作品（JAPEX2010 出品）第３フレーム

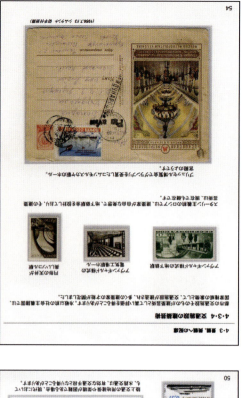

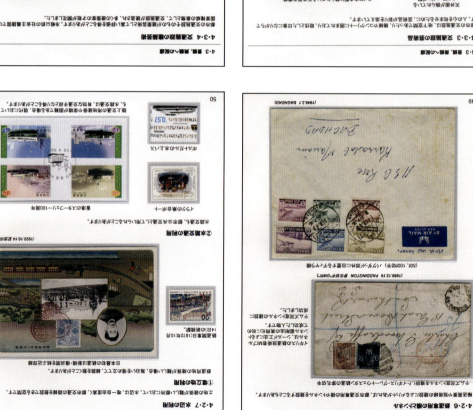

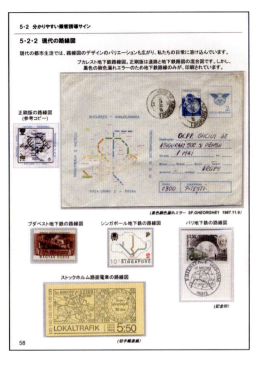

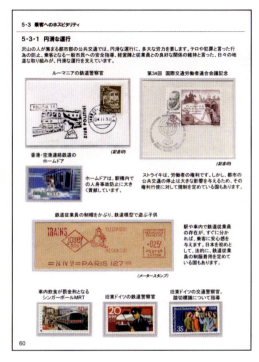

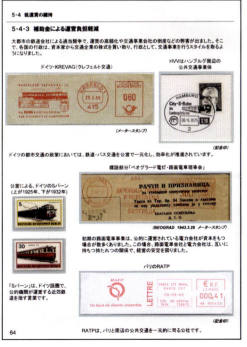

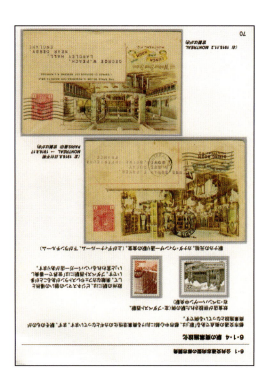

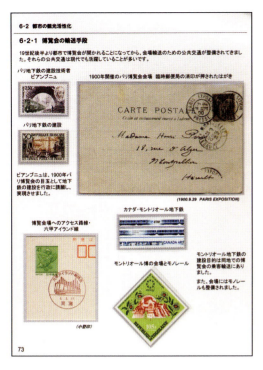

第3回完成作品（JAPEX2010 出品）第5フレーム　　　　35

第 4 回完成作品（PHILANIPPON2011 出品）

TItle & Plan	Developement	Innovation	Thematic Knowledge & Study	Philatelic Knowledge & Study	Condition	Rarity	Presentation	Total
							4 / 5	75

初めての国際展出品ということで、喜び勇んで制作した作品です。結果から言えば、大失敗に終わりました。この時も J. モレノ氏（スペイン）という人格者の審査員が、たまたま当方の作品の審査リーダーだったため、外国人の私でも、英語から滲み出るフォローの意図が明らかに分かるほど、フォローを頂いたので、大して傷つかずに済みましたが、とにかく改善をしなければという思いで、会期中苦い思いを噛みしめた展覧会でした。

リーフ作りの最大の失敗点は、カラーでリーフ図版をご覧の方には、言うまでもなく、リーフの色味です。黄色い色が強すぎて、マテリアルの美しさを殺すリーフになってしまいました。

自宅の電灯のもとで、制作していたときは、温かみのある淡い黄色に見えたのですが、それは、蛍光灯に加えて、白熱灯のランプを自宅で使っていたので、そう見えただけでした。しかし、切手展の会場は、国内外共通して、たいてい蛍光灯か LED の白色の照明です。ある先輩の「個性的なリーフ作りをせよ」という言葉を曲解し、リーフの色にこだわったつもりでしたが、全くもって逆効果になりました。

また、クリティークに参加できず、最終日の作品撤去ボランティアを務めた当方は、その場に、たまたまいたフィンランドのマヤンダー審査員に食らいついて、個人的なクリティークを求め、その強引さに苦笑されながらアドバイスを頂きましたが、その点は、その後の作品制作上の大きな指針になりました。例えば、リーフの文字の印刷が一部欠けていた部分や、当方の作品ではありませんが、ダブルリーフで左右の端から端まで、文章を書くと文章の 1 行 1 行が長過ぎて分かりづらいのでやめるように、とのアドバイスです。

審査員が書き込みの審査は概観して済ませているようでいて、人によっては、きっちり見ているという事実をここで知り、細部への気配りの重要性を実感しました。

Urban Public Transport
—Its Role and Development—

In this exhibition, I defined urban public transport as "a low cost means by which an unspecified number of people in the city can move". For example, in the modern means of transport, suburban rail roads, tram, subway, bus are cited as examples.

The city's public transportation developed according to expanding urban area because of concentration of population during the Industrial Revolution. And it has played a necessary role in order to meet social demand.

I classified the social role played by urban transport in the order of history, describing background sprinkled with technological innovation and urban planning.

※ Copying of materials is a scale factor of 50%.
※ The Philatelic information are listed in italics.

Opening of the Brussels metro

Plan

1. Before advent of urban public transport   (8 pages)
    1.1 Mobility before modern times   3-5
    1.2 Birth of modern city street   6-8
    1.3 Type of modern city street form   9-10
2. Creation of urban traffic   (10 pages)
    2.1 Industrial Revolution and city of yellow of workers   11-14
    2.2 Development of the steel industry and birth of the railroad   15-17
    2.3 Start of suburban passenger transport   18-20
3. Early development of innovation and public transport   (8 pages)
    3.1 Opening of the concept of on-time operation   21-24
    3.2 Sprouting of consciousness for safety   25-28
4. Explosive growth of public transport   (10 pages)
    4.1 Electrification of railway   29-31
    4.2 Spread of tram / subways   32-35
5. Role of public transport after motorization   (8 pages)
    5.1 Motorization and public transport   39-41
    5.2 Pursuit of mass transit   42-43
    5.3 Pursuit of speed   44-46
6. Problem and solution for today's urban public transport   (14 pages)
    6.1 Pursuit of safety   47-50
    6.2 Adaptation to situation of land area   51-55
    6.3 Consideration of scenery   56-59
    6.4 Consideration of environment in underground   59-60
7. Improvement of service in urban public transport   (8 pages)
    7.1 Improvement of convenience   61-66
    7.2 Low fare maintenance   67-68
8. Expansion in role of urban public transport   (12 pages)
    8.1 Urban development with public transport   69-71
    8.2 Sightseeing evolution in the city   72-73
    8.3 City public transport that is environmentally friendly   74-79
Conclusion Remarks   80

---

1. Before advent of urban public transport
1·1 Mobility before modern times

The basic performance of the public transport of the city was on-time operation, safety, mass transit and speed. We follow the evolution of them.

1·1·1 A castle wall city

Castle wall surrounded the whole town to defend it against invader attacks which limited the range of the town in ancient times. Therefore, in the movement was almost always to foot.

France Carcassonne(B.C. the 8th century)

Budapest

There was a hill in the Buda district, and a castle wall was built in the Middle Ages.

Syria Aleppo

(Above) Using a castle wall, they withstood attacks from Mongol Empire and the Crusade.

(Left) As a town independent of the rule of neighboring local feudal lords, it was surrounded by walls.

Germany Nürnberg

Color trial

NUERNBERG 17.7.1903 Postal stationery

1·2 Mobility before modern times
1·2·1 Movement by carriage for individuals

In the Middle Ages, the domain of the town spread out, but there was no public transport in Europe. only some rich people moved by carriage.

This family go out from the Czech Slovak Prague city to the suburbs.

Postal stationery

They go out to the suburbs by car (a personal carriage).

The construction of the carriage drive

The reason why carriages spread as transport in Europe is that a road was paved well with stone.

The carriage used was a privately-owned car. However, a super luxury model of Rolls-Royce automobile would reflect the current value of the carriage used at that time.

1·2·2 Movement by ship

In the area where there was stone pavement carriages could run so the area did not develop, ships also played a role as the key transport. The city planning of the Renaissance age provided ships cannot be clearly classified as public transport.

An Indonesian omnibus boat

A Thai water bus

Nihonbashi bridge

The canal which was built in Germany Hamburg in the 19th century

A waterway to transport a load was set up around Tokyo, and there was the water taxi which carried people as well.

In Asia, for a long time water traffic developed as the feet of the common people. They still play an active part in the present age as substitute means to avoid traffic jams on the congested roads.

However, carriage of goods was the key role of the canal, but there transport was performed, too.

1·3·1 Renaissance period city planning

Before public transport appeared in a city, the maintenance of the streets was conducted in capital Rome of the Roman Empire about 2000 years ago. The castle walls were planning of the Renaissance age utilized the building theory from the ancient Roman age city.

Michelangelo

Alberti

A city among castle walls of the aesthecometry type

LANA DADRE 6.12.1937

Three street form of example through an around the open street was created the stone pavement space that said "Foo".

During the Renaissance period, artists performed city planning. Alberti and Michelangelo worked on the redevelopment of the Italian town.

1·3·2 Birth of "a main street" in the baroque period

During the 17-18 century, streets were lined with open spaces and a main street was built as part of city planning. The castle wall was demolished, and there was much demand for transport because the area of the city spread.

This mail is sent from Smyrna, Turkey, to Paris, furnagated in Malta.

Cache which reveals that this mail was fumigated at Malta. (180%)

Backside (100%)

SMYRNE 19.11.1842 – PARIS 6.12.1842

First purpose of city renovation is to clean the environment of the city and induce infectious diseases such as Cholera, which came from Turkey, during the mid 18th century.

The passage of the baroque garden

Sixtus V built in the grid in Rome and got it ready in the form that was almost like the present form.

The design of the main street constructed in the baroque-styled city resembles a baroque garden.

Postal stationery

1·3·2 Birth of "a main street" in the baroque period

City planning with the baroque street style spread across the world from Europe.

Stairs of Rome Piazza di Spagna

The tram terminal of Madrid / gate open space of the sun

Paris Champs-Elysees street

Paris city

In the baroque period, an open space was arranged as a hub between the streets. The open space now becomes the hub of public transport.

Hausmann

Under the Second Imperial Regime of 1850-60 generations, a shakeup of Paris by the Hausmann was performed and the grid was renovated. This is the Champs-Elysees street.

Casablanca is a city prepared in the baroque period.

CASABLANCA 2.12.1934

3. Development of innovation and public transport

3-1 Opening of the concept of on-time operation

The basic performance of the public transport of the city was on-time operation, safety, mass transit and speed. We follow the evolution of tram.

The condition that is essential to that public transport succeeds is to be able to 'get on time'. As for the model of this concept, the omnibus which mathematician Pascal devised in the 17th century was first.

Pascal elaborated a plan by bus for the first time in the world

3-1-1 Omnibus

An Italian newspaper "Omnibus". The term "omnibus", which was used for vehicle, became a general noun in other industries such as the media industry in the middle of the 19th century.

Louis XIV

The postmark of the Rue Pascal post office which honored Pascal.

Pascal in 19th century

The Pascal gets the patent for the omnibus from Louis XIV in 1662.

It is the etymology of "the bus" that a Briton is named that an omnibus, "a bus".

Omnibus in 19th century

About 150 pairs exist

Perforation Error

Scott 2225 Scott 2225a

Scott 2225b Scott 2225c Scott 2225l

PARTENZA DA NAPOLI 6.7.1861

21-22

3-1 Opening of the concept of on-time operation

3-1-2 Penetration of the consciousness for on-time operation

Calendars were not unified in the same countries due to the culture or the religion in this time. However, from the Gregorian calendar a time schedule was adopted in order to operate public transport.

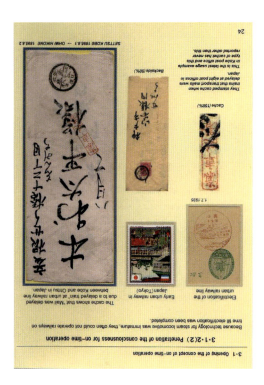

A rail and a railroad clock

The adoption of the Gregorian calendar that is highly precise served in a big role on service at the railroad.

A time schedule meeting is commemorative

The system to which the standard time spread out in each country

U.K. adopted Greenwich Mean Time in a railroad time schedule from 1830.

The meridian of Greenwich that penetrates old Royal Greenwich Observatory

Gregorian calendar

CIESZYN 3.10.1948

23

3-1 Opening of the concept of on-time operation

3-1-2 Penetration of the consciousness for on-time operation

Because technology for steam locomotive was immature, they often could not operate railways on time while electrification has been completed.

Electrification of the urban railway line between Kobe and Otsu in Japan.

Early urban railway in Japan (Tokyo)

The cachet shows that 'Mail was delayed due to a delayed train' at urban railway line in Japan.

They stamped cachis when trains that transport mails were delayed at eight post offices in Kobe and this type of cachet has never reported other than this.

Cache (1930?)

Backside (80%)

SETTSU KOBE 1956.8.1 · OHMI HIKONE 1895.8.2

24

2-2 Development of the steel industry and birth of the railroad

2-2-3 Development in the city through the horse tramway

In cities there was commonly used as transport. The evolution of the vehicle such as 2 storeis car or the horse-sized vehicle was seen. However, there was a problem on the hygiene side because of the feces and urine of the horse. It was gradually replaced with a steam locomotive and a train.

Large-stories horse car in Moscow

Horse tram in Stockholm

Horse cars in front of a church in Mexico (end of the 19th century)

Two-story horse car in Poland

Horse tram in Berlin

Horse tram in Copenhagen

Horse tram in Iraq

Sucursal E. 29.12.1898 Postal stationery

17

2-3 Start of suburban passenger transport

2-3-1 Urban traffic of short distance freight railroad

By the development of the steam railroad, the use of the steam locomotive was transport in the heaviness or the steam engine, the steam railroad developed. The use of the steam locomotive was transport in the materials and products. However, the railroad gradually came to attract attention as a transport to the neighboring city.

The first railway in Peru opened in 1851 linking the Pacific port of Callao and the capital Lima(13.7 km)

Shade : Red

(The left) The steam locomotive of Belgium Oostende port Station

The routes that links the inland city to the port are evident when we examine the constitution of the railroad of each country. This is in the proof that a railroad was settled for the carriage of goods with the cooperation of the railroad for shipping

150 JAHRESTAG DER GROSSEN EISENBAHNEN 1835-1985

150e ANNIVERSAIRE DU RAIL BELGE

150 JAAR SPOORWEGEN IN BELGIE 1835-1985

New Zealand's first railroad links the outport to Christchurch is for the freight route

5,000 sheets limited was issued as a commemoration for railroad 150years.

18

2-3 Start of suburban passenger transport

2-3-1 Urban traffic of short distance freight railroad

The Yokosuka line which links Tokyo / Yokohama

The freight railroad supports the steel industry of France Dunkerque(1883)

At first, the railway line which links between Tokyo and Yokohama was mainly for transport cargo.

Postal stationery

The second Wilhelm paid attention to railway from the viewpoint of industrial promotion.

As for the monorail of Wuppertal, construction was planned as means of coal transportation. The purpose than turned into passenger transport and the second Wilhelm attended at an opening ceremony.

A monorail of Germany Wuppertal

STUTTGART 18.4.1913 Postal stationery

19

2-3 Start of suburban passenger transport

2-3-2 Birth of the traveler exclusive railway as city traffic

When the utility of the steam engine by the city and neighboring railroads was accepted socially, tram and cable car was born for public transport.

The power mechanism of the early cable car of San Francisco

The early cable car of Melbourne

Steam power was first used as the power of the cable car because there was no high output steam engine.

A steam locomotive of initial London Underground

New York elevated railroad

A device to cover the body with a hood was used to prevent the horse in the town from noticing a steam locomotive.

Steam tram of New Zealand

Steam tram of Sydney

That a steam locomotive played an active part as powerful of the railroads of the city center is limited for geographical chronological order.

13.1.1991 DAYTON

20

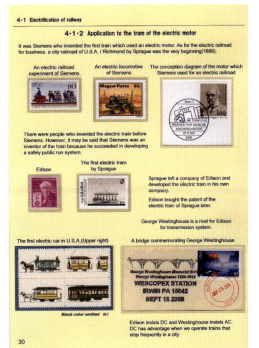
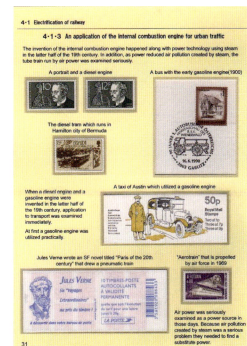
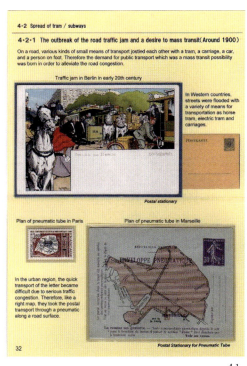

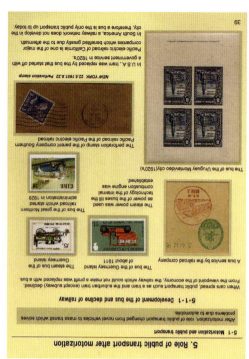

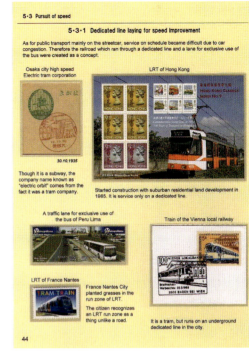

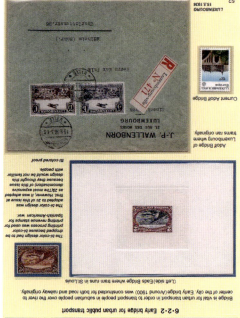

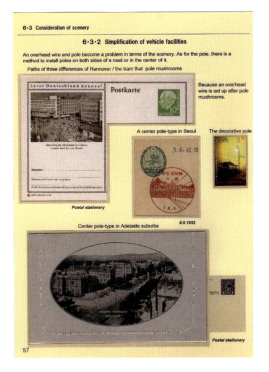

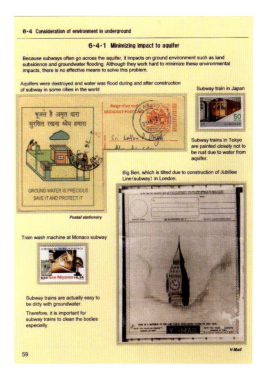

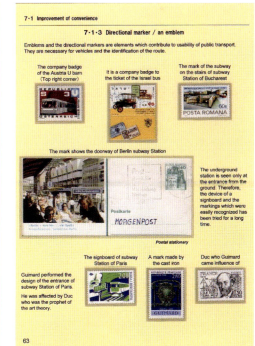

7-1 Improvement of convenience

7-1-5 Consideration of publicity

Securing a right (the traffic right) that every person could go to the various places freely has been reflected in the laws around the world. To achieve that purpose a person joins urban traffic.

The bus getting on and off platform of the Stockholm subway has a while lane for the visually impaired.

The subway which has wheelchair access without gangplank.

The raised block which was installed in the station of the tram.

Publicity is important for the urban traffic route.

Public transport routes are paths the city dweller who does not decided to have does not have a car to get on and off public transport.

The bus which links the set residential area (Hansa district of former Berlin) and the urban traffic track.

7-1-6 Observe order for smooth service

A lot of people gather to use urban public transport so we need to have policies and practices in place to ensure smooth service. The policeman prevents passengers from experiencing crime, and a good passengers' manner can support stable daily transport services.

People stand in neat rows for a ride in Shanghai subway.

A railroad police officer of Romania

The passengers' conformity with an order is important for safety management. Also, in order to protect the safety of passengers, the traffic police officer of former East Germany

The traffic police officer of former East Germany

The platform screen of the airport communication railroad, machines such as home screen protect the safety of them.

7-2 Low fare maintenance

7-2-1 Cost compression through automation

The subway can be said to be a means of transportation where automation has advanced urban public transport. In the costing for the vast expense for construction of a subway, an effort to incorporate the compression of operation costs is undertaken.

The unmanned driving vehicle of the Taipei subway

In the subway, a view from car driver's seat is bad due to darkness, therefore a remote control unit for cars developed. There is the uninhabited running route.

The escalator of Pyongyang / subway Station

The subway is a means of transport to convey a large quantity of passengers. Therefore there is a device to move a lot of people efficiently at a station.

The escalator of subway Station

The automatic ticket gate of the subway of Romania (1970's)

Specimen Almost 100 copies exist

Proof

7-2-2 Profitability improvement by neighboring businesses

The urban traffic enterprises has a positive effect on businesses by providing advertisement and land along the route. It raise the profitability of businesses and this leads to keeping the fares low.

The body advertisement of the Ireland bus

Stamp book horoscope of Australia Adelaide

The body advertisement of the tram which a Japanese railroad company established. Takarazuka opera

The body advertisement of the tram

Hotel that railroad company administrates and a tram in Vancouver

The Chateau Laurier Hotel that Canada Ottawa Station (right this side) and a railroad opened (The center)

MONTREAL Postal stationery

WELLANO 12.7.1926 Postal stationery

8. Expansion in role of urban public transport

8-1 Urban development with public transport

The importance of urban public transport increases as the need to simplify various modes of activation, and protection of the global environment. I will discuss the role as urban development, sightseeing become the focus in the present age.

8-1-1 Urban development and traffic

As for urban development, "The 50th anniversary U.K. Welwyn Garden City

A figure of image of San Marino city planning of 1960's

A figure of American urban development meeting, The street of the Uruguay Montevideo city development plan

Mexico Acapulco City of about 1938 (The 19th as a worldwide city plan and a house meeting)

The image of the geographical information system

In late years I take the analysis result of the geographical information system into account, and a city is designed.

8-1-2 Development and the city public transport

When city planning is being decided, a rail line is planned in many towns.

A map of plan city / Australian city planning Brasilia

Brasilia assumed car-centered traffic, and a road was built orderly. However, because the plan extended to the suburbs radially accordance with this expansion, they did not need to construct public transport.

Welwyn Garden City was built first in the world as the city where workplaces are next to houses, so as public transport to the commute to the center, they changed a plan and built subway and LRT.

The railroad which a real estate company established for new subdivision inhabitants.

Tama Monorail

Tama Monorail was developed in Tokyo accordance with urban planning.

Tokyo Station became at one with a department store

8-1-3 The commerce institution of the station

The station has been made a commercial institution in recent urban development.

The station in Tokyo Station / At the time of commencement of practice.

In Tokyo Station, a station building is built creating an entrance with a commercial institution like a hotel or a department store.

The station of Germany Rostock Station

There is a hotel in the terminal station where a long-distance railroad intersects a suburban line.

BARANGAL 6.5.1989

New Dhaka Station of the head end-type plat home in Bangladesh

The example is of the head and the platform is connected in the shape of a fork.

A track comes in a dead end, and the platform is connected in the shape of a fork.

It is easy to utilize the space to the station of this type as a commercial space

8-2 Sightseeing activation of the city

8-2-1 An urban public transport institution as a sightseeing object

The urban traffic institution plays the role of transport but also as a means to access sightseeing spots. Urban traffic itself becomes the subject of literary arts and pictures as well, as sightseeing objects that charm people.

A Novel of Soseki Natsume "I am a cat"

Jazz number Take The A Train" by Duke Ellington

In this novel, there is a scene the actors to ride on the tram in Matsuyama city in Japan.

"A Train" is a subway train that is operated in N.Y.

Soseki Natsume

"Construction of a subway" by Delvaux

Danish rock band "Gasoline" album jacket

"An encounter in Ephesos" by Delvaux

It quotes an American calendar that depicts a scene in San Francisco

A drama of author Tennessee Williams "Tram of the name to call greed"

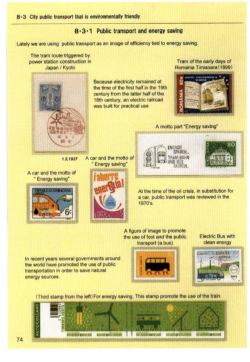

第 5 回完成作品（全日本切手展 2012 出品）

TItle & Plan	Developement	Innovation	Thematic Knowledge & Study	Philatelic Knowledge & Study	Condition	Rarity	Presentation	Total
								89

PHILANIPPON 後のテーマ部門の審査員や出品仲間との懇親会の帰りのタクシーで内藤陽介氏（現 FIP 審査員）に、「PHILANIPPON が不完全燃焼だったので、全日本切手展に出品したい。」とお話をし、改善策を施したのが、今作です。

大きな変化としては、リーフをアイボリーでもなく、伝統郵趣のクラシック作品にあるような落ち着いた風合いでもなく、その中間色に落ち着け、かつ、リーフサイズをいわゆる国際展サイズに変更したことです。前者は第 4 回作品の反省を生かして慎重にリーフ色を吟味した結果ですが、後者はアメリカの封筒が斜め貼りやダブルリーフを使わずにギリギリ貼れるサイズのためです。

また、国際展リーフに対するダブルリーフを作ろうとすると、A3 ノビ・サイズのプリンタが必要になりますので、この機会にキャノン製のプリンタを思い切って購入しましたが、これは投資として振り返ると成功でした。今までは、キンコーズのような出力センターのプリンタで印刷していましたが、自宅への機材導入で、何度も試行錯誤しながら、思い通りのリーフが作れるようになりました。

1 点、リーフ制作の視点とは、話がずれますが、国際展に 1 度出品すると、ともすると、国内展への出品は、これから頑張っていく人たちの邪魔にはならないかと、ためらいがちになる方もいると聞きます。しかし、ぜひ国際展出品をした方に申し上げたいのは、国内展は、国際展の成果を披露する場として、ぜひ積極的に出品頂きたいということです。

私は、本展への出品をしたことにより、英語リーフのまま出品して賛否両論頂いたのは事実ですが、実際、この作品で、ようやく国際展のテーマティク作品のリーフ作りの雰囲気を体得した実感があり、次のシャルジャー展への出品への自信をつかむことが出来ました。また、私の様子を見たテーマティク部門出品者の方々が、国際展に出品した後に、国内展へもカムバック出品する風潮の足がかりを作れたのではないかと考えています。（ただし、JAPEX ではタイトルリーフは日本語で作成しないと JAPEX の個別ルールに反しますので、減点の恐れがあります。）

国際展に出品しても、仕事や学業の都合で、現地に行って、審査員のアドバイスを得ることが難しい方も多いかと思います。一方、日本の国内展であれば、その都合がつけやすく、それが叶わなかったとしても書面での評価をもらったり、JAPEX では特に、出品前のコンサルティングを受けることも可能ですので、作品の向上は十分にはかれます。国内審査員の中にも、国際展審査資格を持っている方が多くなった今日では、なおさら、国内展に出品するメリットが拡がっているのではないでしょうか。

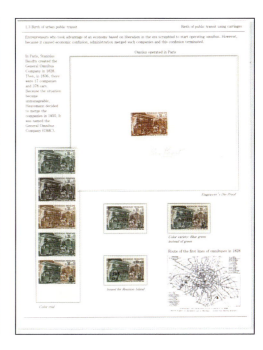

第5回完成作品（全日本切手展 2012 出品）第1フレーム

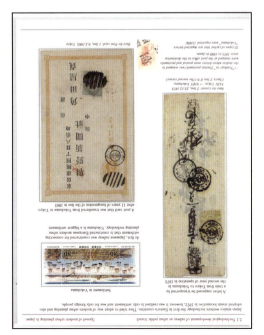

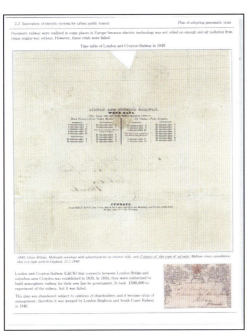

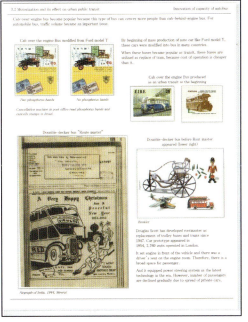

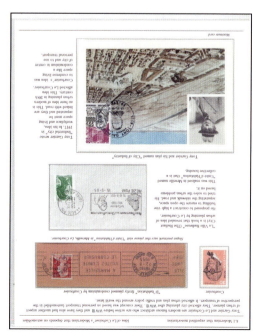

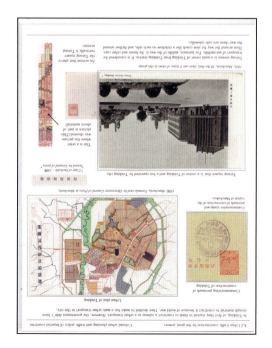
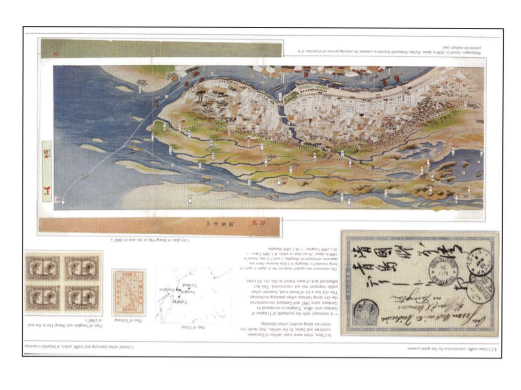

第5回完成作品（全日本切手展2012出品）第4フレーム　　57

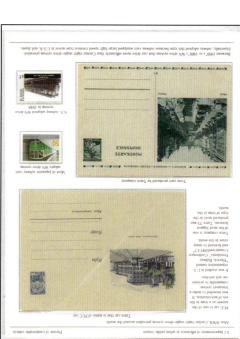

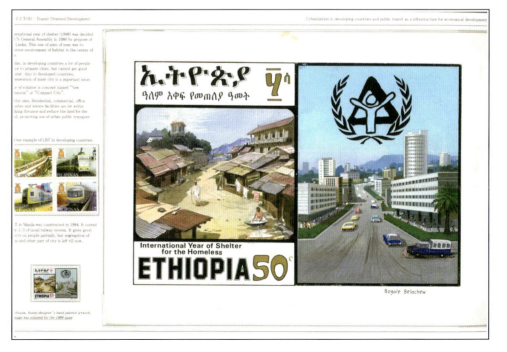

第7回完成作品（MALAYSIA2014 出品）

TItle & Plan	Developement	Innovation	Thematic Knowledge & Study	Philatelic Knowledge & Study	Condition	Rarity	Presentation	Total
							5 / 5	90

シャルジャー展で大金銀賞を獲得したので、8フレーム出品の権利を獲得し、最初に出品した作品。この作品で、最初から金賞を受賞できたのは、大変幸運でした。

この回での出品で私のテーマは「都市交通」から「トラム（路面鉄道）」に対象が狭まっています。実は、内藤審査員から第2回出品時あたりからのフィードバックとして、テーマの専門性を深めるよう、指導を頂いていたのですが、マテリアル不足を理由に、なかなか具現化出来ずにいました。しかし、金賞以上を目標とするにあたっては、いよいよ、そのアドバイスを実行しなくてはいけないと考えたためです。

テーマを狭めて専門化し、かつ、フレーム数を拡大するという「二兎戦略」を決めた私にとっては、この回の出品が一番苦しみました。前作5フレームで出品したときの半分ぐらい（2フレーム強）を新規のストーリー（マテリアルも変更・新規追加）に変えて、更に拡大した3フレーム分、つまり合計で5フレーム分新規のストーリーを加えた形になります。

筆者の場合は、郵趣知識、テーマ知識の双方を増やす方向で、マテリアルの種類の拡張が可能になりました。また、オークションを通じて、ドイツ人が制作したトピカルのトラムコレクションを入手したことも、マテリアルの面で大きな武器になりました。テーマティク作品を制作する場合、「トピカルとは異なる」と言う意識を働かせることは大事ですが、自作と同テーマのトピカル作品を見ると、まだまだストーリー展開に使えそうな意外な発見があるかもしれません。

なお、リーフ作りの観点からは、吉田敬氏を通じて教わった郵便史の大家 クリス・キング氏（英国）のリーフ作りのテクニックと大沼幸雄氏のテクニックに学びました。キング氏から学んだことは、文字のフォントについてです。キング氏はリーフ作りに関して、細部に至るまで論理的かつ分かりやすいプレゼンテーションをしておりますが、一番気付きを得たのはフォントへの気配りでした。私の作品は技術分野の作品なので、比較的、装飾性を排した幾何学的なフォントを選択し、技術分野らしい直線的な図案が多いマテリアルとの調和を図りました。また、文字の濃度を一段薄めました。この点は、前作がやや文字の大きさが小さかったため、展覧会では読みづらいサイズになっていたことの改善につながります。単に文字を大きくするだけですと、マテリアルの美観や存在感を殺してしまう場合がありますが、文字を大きくしつつ、色を若干薄めれば、文字の読みやすさを確保しながら、それらを殺すことが無いように出来ます。

大沼氏の作品に学んだのは、強調したいワードを太字にするというテクニックです。審査員に、作品内容を理解してもらうにあたって、テーマティク作品はもっとも、審査員が書き込みを読む分量が多い分野と言えるでしょう。それを、重要な単語だけを太字にすることで、速読する人が文章を読むかのように、効率的に内容理解を促すことが出来ます。それまで実施していた強調部分への下線引きより美観も良く、分かりやすくなりました。

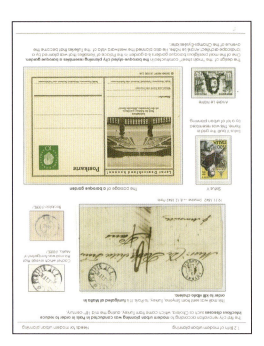

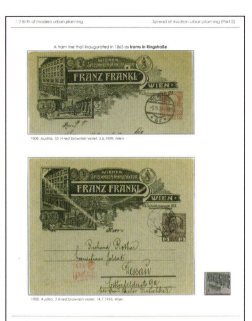

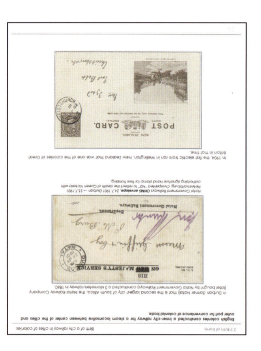
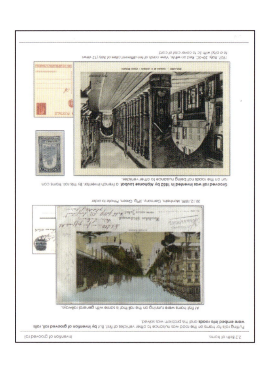
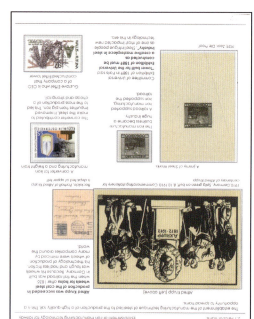

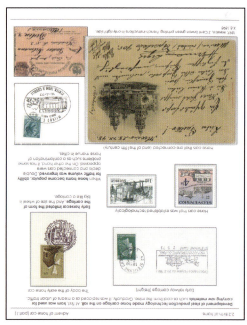
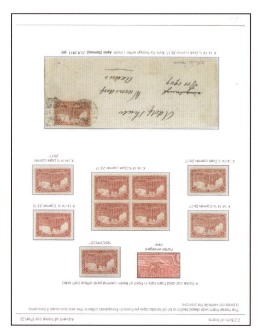

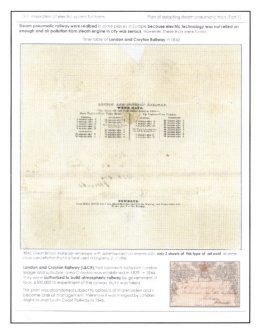

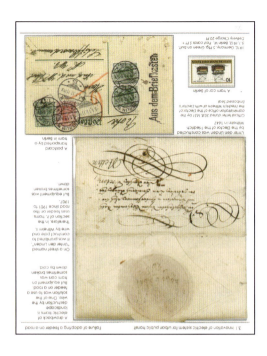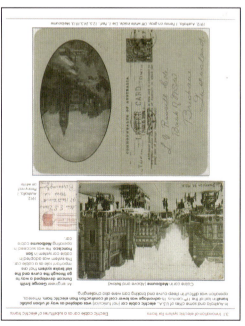

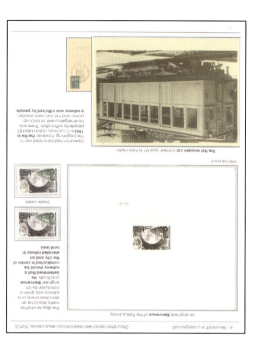

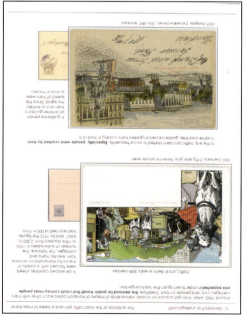

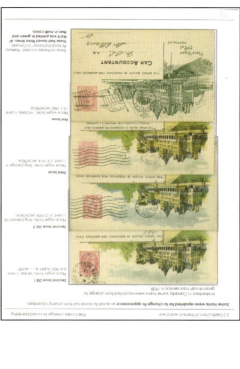

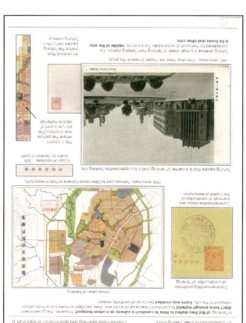

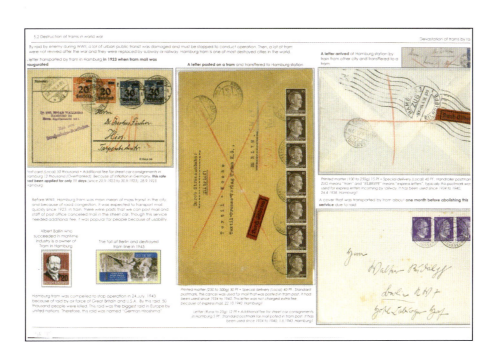

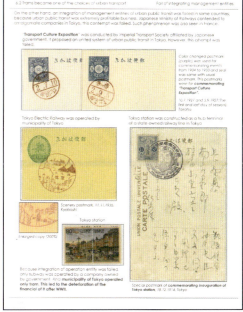

第7回完成作品（MALAYSIA2014 出品）第5フレーム

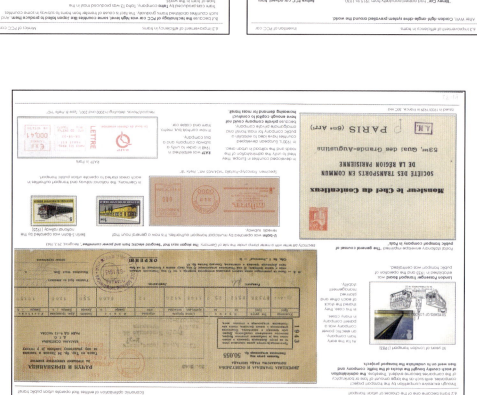

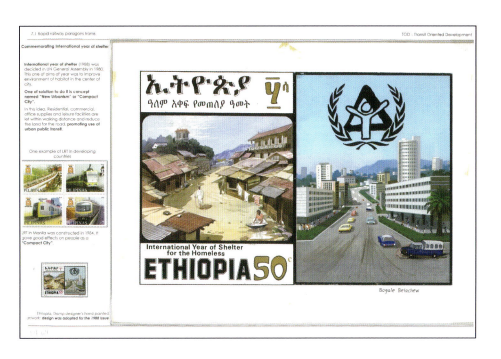

第7回完成作品（MALAYSIA2014 出品）第7フレーム

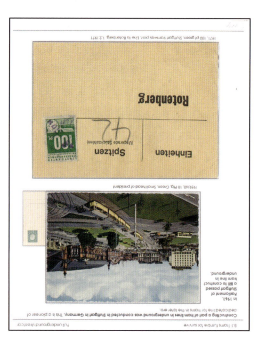

第 7 回完成作品（MALAYSIA2014 出品）第 8 フレーム

第8回完成作品（JAPEX2016 出品）

TItle & Plan	Developement	Innovation	Thematic Knowledge & Study	Philatelic Knowledge & Study	Condition	Rarity	Presentation	Total
\multicolumn{3}{c|}{32/35}	\multicolumn{2}{c|}{28/30}	\multicolumn{2}{c|}{26/30}	5/5	91/100

この年からJAPEXのルール変更があり、チャンピオンクラスに国際展金賞受賞以上の作品も出品できるようになったため、出品したものです。MALAYSIA2014のクリティークでは、「テーマである路面鉄道以外のトピック（地下鉄など）によって、物語が横道に逸れている部分がある」との助言があり、物語の改善の点で、いかに路面鉄道に関するマテリアルだけで作品を構成するかに腐心しました。

この時は、トリートメントを再構築することに注力しており、リーフ作成上の改善点は大きくはありませんでした。したがって、書き込みやレイアウトの面での変更は無いのですが、マテリアルの色に、以前よりも注意するようになりました。稀少性が高くても、フレームを見渡した時に、悪い意味で目立ってしまうものは外しました。逆に言えば、フレームを見渡した時に、地味な印象がする部分（1リーフ単位というよりは、4リーフぐらいをひとまとめに見るイメージです）に、モダンの色鮮やかなマテリアルを配すると言ったこともしました。

JAPEXは会場の照明が明るく、作品と作品間のスペースの取り方も適度ですので、切手展の環境としては、アジア地区で開催される国際展と比べても遜色ないか、むしろ見やすい環境にあります。国際展と同じ展示環境を自宅で再現することは多くの人にとって難しいと思いますので、このような点で私はJAPEXにも出品しています。また、国内の郵趣仲間にも国際展の出品等で長らく見てもらっていない内に、発展したコレクションを再度見てもらう機会になると思います。

最近、懇意になった国内展に深く関わっている他部門のコレクターの方が、JAPEXで私のコレクションを見てくださったようで初対面時に収集分野について言及いただいたことがあります。ある作業でご一緒することになりましたが、その後の協働作業がスムーズに進みました。

Tramway

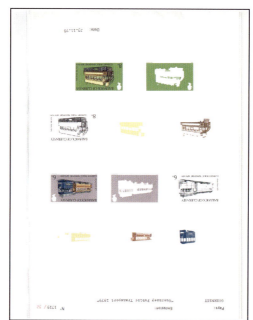

1.1 Prototype of urban public transit before the Industrial Revolution

Etymology of "Tram"

From the beginning of the horn, it was named "tram". The name was said to be taken from the name of the engineer Benjamin Outram, but it is not dogma.

A postmark reveals "Tramway".

Countries such as Germany, U.S. named from "Street car" that means a vehicle running on the street in their own language.

A word "Tramway" in the advertising

In Spanish, trams are called "Tranvia". It comes from "Tramway".

3.4. 1932, Roma Tranvia

4.4. 1907, Roma Tranvia

A letter with a cachet that depicts "Strassenbahn-Briefkasten (steel railway mailbox)"

Partial enlarged view

From post rubber supplement cancel that means "from post box", type C (width 70mm), has been used since 1936 to 1946.

Pfennig surcharge letter. 25 Rpf → Surcharge date for South America: 1.3.34

This letter was carried in the flight of the 11th South Atlantic flight by Graf Zeppelin (LZ-127) transporting 133g of mail and 23 passengers and was calling at Rio de Janeiro.

22. 10. 1934, Hamburg (Printed on rum post box) 1271 - Rio de Janeiro, 4.11.1934 (pence) - Buenos Aires. Date is unknown

1.2 Birth of modern urban planning

Origin of postmark "les carrosses à cinq sols (five sol cab - carriages)", in the 17th century.

Only Kings and nobles usually can have carriage before the 17th century.

The business was French due to inflation. Then cheap people can have carriage. However, it is too expensive to buy it.

Commemorative postmark of the 400th birth anniversary of Henri IV

The portrait of "The Rue Pascal post office" which honored Pascal

Pascal got the patent for the omnibus from Louis XIV in 1662. He asked his friend to meet Louis XIV.

A cab

However, his business was beaten by cab company because omnibus was more expensive than cab. And because passenger was limited to high status people, it was unpopular.

The outbreak of the Industrial Revolution

The Industrial Revolution occurred in French in the 18th century. The opportunity of the Industrial Revolution was automation of the factories with the steam engine in Great Britain.

The Industrial Revolution was triggered by the mass production of cotton goods.

Cotton Market Report transporting from Liverpool

A monk of Newspaper local stamp duty 1 penny. 3.3.1832, Liverpool + 5.3.1832, Leash - Germany.

Because a waterwheel was a power source. There were factories in the suburbs near river.

1.2 Birth of modern urban planning

Fire urbanization in suburban areas in Europe

The decision to construct new cities named "New town" was in order to prevent an exodus of wealthy citizens to visit London. Many new towns were built in accordance with 1765 master plan by the great architecture of the elegant Georgian style of British architecture in England.

THE SCOTTISH ENLIGHTENMENT 1730-1790

High Street in Edinburgh in the second half of the 18th century, that is depicted by David Allan

Steam engine exhibition was conducted frequently

It leads to an invention of steam locomotive (Please refer to p.15)

1889, Germany, 5 Pfg. Printed to private order

In the Europe, the canal was constructed along the run in the cities. New towns also have carriage of goods, however, was the key role of it.

1895, Germany, 5 Pfg. Printed to private order

City reconstruction as cause of cholera in dirty and congested city reconstruction was conducted for public health

As the Industrial revolution was developed and city was congested, city reconstruction was conducted for public health.

Robert Koch who discovered anti cholera vaccine in 1883

Virchow

Pettenkofer wrongly insisted that cause of cholera is that land and water that were contaminated by patient of cholera. But Robert Koch found vibrio cholerae.

The idea was inherited from a concept of "Miasma" that made human being ill

Pettenkofer

Hippocrates insisted that bad air of being infected.

Factories move from rural areas to urban areas in order to gather more workers.

Special postmark "commemorate the conquest of being infected". 11.7.1942, Wolfpen

Virchow is German doctor and statesman who said "medicine is politics" and worked for hygiene in Berlin.

1896, Bayern, 5 Pfg. Printed to private order

第8回完成作品（JAPEX2016 出品）第1フレーム

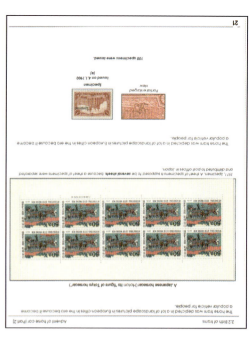

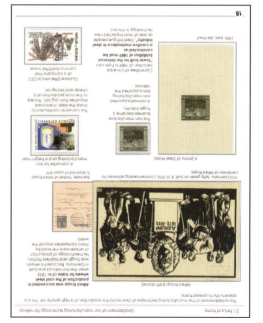

3.1 Innovation of electric system for trams

Implementation of electric motor to trams (Part 1)

Siemens implemented the first electric trams in 1881.

Gross-Lichterfelde tramway is the first electric tram that is built by Siemens. A stable direct current electric supply system in the world. Lichterfelde was in service on 16 May 1881. Electric motor of each car was supplied with 180 Volt direct current via the rail directly.

A letter that is transported by Gross-Lichterfelde tramway.

31.12.1902, Gross-Lichterfelde (Railway postmark)

A tram car were constructed by joining two double deck saloon horse trams together on a single motorized chassis.

Lichterfelde 1890

1904 Queensland, 1 penny chocolate, about 60 views were believed to exist in this group, of post offices is undetermined. 4.9.1906.

The horse tramway company decided to convert many of horse trams to electric operation. Therefore appearance of these trams were similar to the car of horse trams.

Implementation of electric motor to trams (Part 2)

In Montgomery Alabama, electric trams were used practically first. However, they moved with chain. This system was unreliable as a drive system. Stable drive system was invented by Sprague for trams in Richmond in 1888.

Early electric trams were developed in U.S.A. dramatically. Especially Sprague was the leading person.

Block color omitted, 12¢ of four blocks exist (e)

Electric tram that was invented by Sprague in Montgomery (upper right)

Sprague is a substantial inventor of electric tram from by Sprague

He left a company of Edison and developed the electric tram in his own company. Edison bought the patent of the electric tram of Sprague later.

The first electric tram by Sprague. But his name is not so famous now because he did not insist on patent of invention.

Postmark of USS Richmond where Sprague invented new type electric motor.

24.9.1909, U.S.S Richmond

Sprague commissioned as second lieutenant in the United States Navy and he rode on USS Richmond. When he left Port, he invented new type generator that improved motor for tram cars.

Innovation of electric system for trams

The first electric tram in Japan

This electric power station was constructed in Kyoto to be the venue of an industrial exposition. Generated electricity was decided to utilized for trams.

23.1.1895, Yamashiro Kyoto Glazed Popcorn Post Office for the first specialty Exposition in Japan, but it was failed.

It was issued in 1886 in Japan. "Echo Hagaki" of ten, fifty stationery was sold of 35 yen because face price and selling price of difference of 35 Yen was funded by sponsor.

25.3.1895, South Tsurugaoka

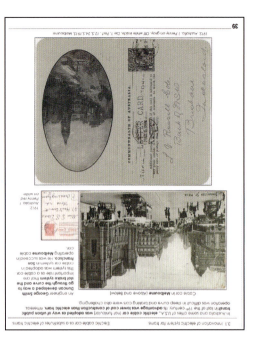

Plan of adopting steam pneumatic train

Steam pneumatic railway were realized in some places in Europe because electric technology was not enough and pollution from steam engine in city was serious. However, these trials were failed.

1840 Great Britain, Mulready envelope with advertisement on reverse side, only 2 sheets of this type of ad exist Mallow cross cancellation on 1d Mulready envelope that connect between London bridge and suburban area Croydon was established. In 1844, they were authorized to build atmospheric railway by government. It took £400,000 to experiment at the railway, but it was failed. The plan was abandoned subject to opinions of shareholders and became one of management. Therefore it was merged by London Brighton and South Coast Railway in 1846.

1840, Time table of London and Croydon Railway

3.1 Innovation of electric system for trams

Electric cable car as a substitutes of electric trams

Funicular was adopted as an urban public transit from in the town where there are a lot of difference in height. Peak tram in Hong Kong is one of the most popular urban funicular in the early era.

An engineer George Smith Duncan developed a way to go through the curve and the important roll as a cable car brake system that not go to stall. This system was adopted in San Francisco. He succeeded in opening San Francisco cable car.

In Australia and some cities of U.S.A., electric cable car (no Funicular) was adopted as a way of urban public transit. However, its advantage was lower cost of construction than electric tram. Whereas, operation was difficult in steep curve and braking cars were also challenging.

Cable car in Melbourne (Above and Below)

An mail conveyed by the cable tram

1912, Australia, 1 Penny on gray, Off white trade, Die 1, Perf. 12 ½, 24.5.1915, Melbourne

Electric cable car as a substitutes of electric trams

Peak tram was conducted in order to carry residents of Hong Kong. Alexander Finday Smith projected it in 1881. However, he did not proceed the project rapidly. Peak Tram was opened in 1888. It is one of the most popular urban funicular in the early years.

10.7.1905, Victoria Hong Kong – 14.7.1905 Hoping Nakata
Postmark error, About 360° ports exit

Electric tram was opened in 1904 after opening of Peak tram. Actually it was constructed in the area where English lived. However, in north area where Chinese mainly lived, it was not realized. The government decided to establish "Hong Kong Tramway and Power Company" in London finally.

Stamps commemorating 100 years electricity in Hong Kong and top depicting Tram Cars at the time of opening

100 Years of Electricity in Hong Kong

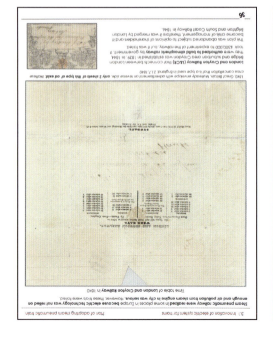

3.1 Innovation of electric system for trams

Promoting electric from

For promoting electric trams, nation and company that operates electric power plant conducted exposition.

A postcard posted in the venue of Milano exposition

18.8.1906, Milano Esposizione

At Milano exposition, an electric tram was first introduced at the international exposition. It impressed people that electric tram is the most useful power plant for urban public transit.

Commemorating postmark for International tramway Congress in 1932

In this year, Congress of UITP (International Association of Public Transport) was held in Hague and "International Tramway Congress" was held to promote trams as an urban public transit, together.

Electrical science museum for promoting electric tram

11.3.1932, Oosto-now
26.4.1932, Gravenhage; the postmark had been stamped 25 June at 17 July

Invention of trolley conductor

Trolley conductor is a machine that is for avoiding head-on collision was invented after the bow collector point of tram was invented.

Overhead line manufacturer "Tajima Electric Cable"

A point of tram car

A trolley contactor is a trigger switching a point of electric tram. When the bow collector contact this machine, the point would be moved.

1932 Penny Brown (KY 15), 3.9.1942, Detroit

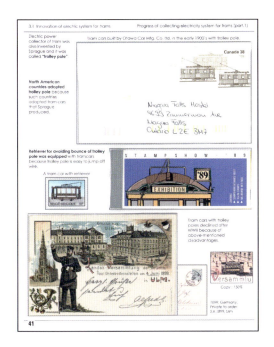

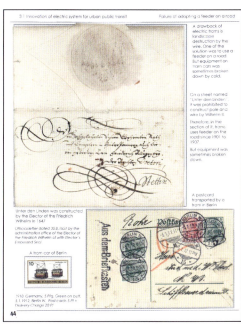
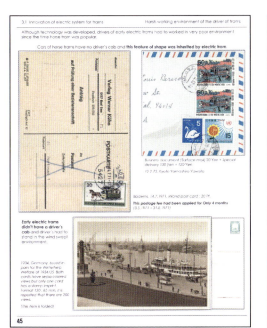

第8回完成作品（JAPEX2016出品）第3フレーム

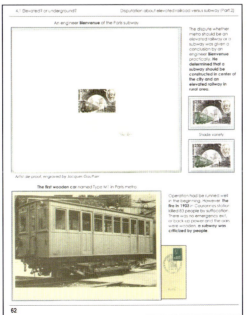

第8回完成作品（JAPEX2016 出品）第4フレーム　　　　　　　　　　　　　　　　87

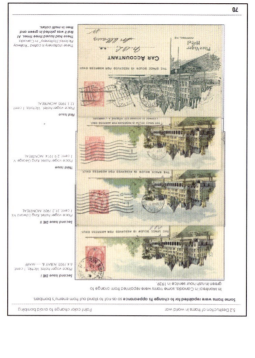

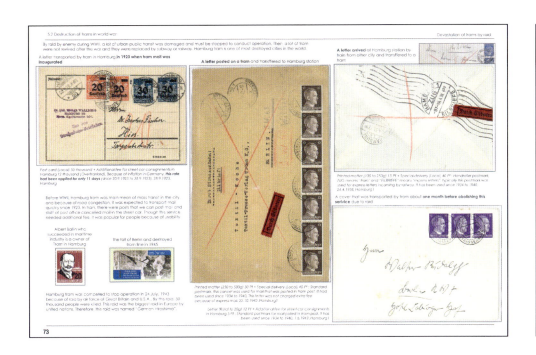

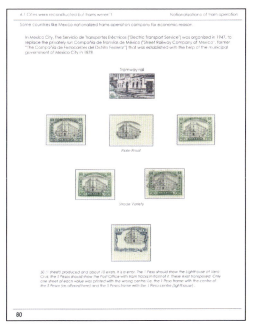

第8回完成作品（JAPEX2016出品）第5フレーム

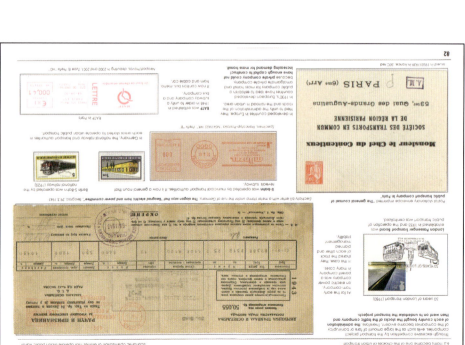

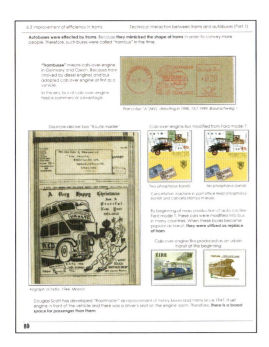

7.1 Rapid railway paragons trams

A patient traffic policy extinguish tramway

UK ministry of transport

"Traffic in Towns", by UK ministry of transport have effect on the traffic policies in the world. It recommends to separate cities where cars and pedestrian walk out of means that tramway was out of consideration.

1921 On His Majesty's Service, posted by Ministry of transport

There is no tramway

Tramway in Melbourne

Many people worked on Bourke street in Melbourne when there weren't automobiles in early 20th century. But car became popular, there are few people on the road and shops were deserted. Then, architect throws up a concept that pedestrian walk on space where trams run old days and it was realized in 1983.

Bourke Street

1912, Australia, One Penny, flea on white paper

7.1 Rapid railway paragons trams

Funding for public transit

Tax became a financial resource of constructing subway and trams since 1950's from Germany. It was purpose of relieving street congestion caused by cars was mitigated its plan had effect on urban planning of constructing roads.

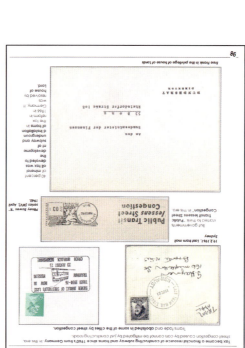

19.2.1961, last mail from mail series (WV), April 1940.

Public Transit lessens Street Congestion

Sydney

But governments started tax on automobiles, it was developed to the development of subway and construction of trams was resolved by house of Lord.

Free frank in the privilege of house of Lords

7.1 Rapid railway paragons trams

Urban public transit was incorporated in the urban planning (Part 1)

"TDD" is abbreviation of Transit Urban Development proposed by architect Peter Calthorpe. Pioneer of this concept is urban plan of Great Britain. "Letchworth" was used in Enfield that is a suburban area of London. Purpose of using tax paid by this stamp constitute urban planning such as maintaining houses and roads.

A demand note for general rate. On form verify that people paid a tax for service of urban district. The form was used in Enfield that is suburban area of London.

GV 1/2d QB stamp overprinted ENFIELD. UDC (Urban District Council), 1954 on Demand Note for General Rate

---

7.1 Rapid railway paragons trams

Urban public transit was incorporated in the urban planning (Part 2)

According to explosion of population in private cities, government of developed countries started to transfer role of urban to suburban area and zoning system become popular.

Welwyn Garden City in England was built as suburban new city in the 19th century.
It is a pioneer of the distribution of residential functions away from the center of cities. This type of cities caused needs for urban public transit in the latter half of the 20th century.

In 1940's, French politician André Mofoux developed projects named "Les Villes nouvelles" in order to avoid traffic congestion of the big cities, developing satellite cities like La Défense around big cities.

La Défense

The CNIT (Centre des nouvelles industries et technologies) is one of the first buildings built in La Défense.

Specimen. Second Dale figure without dots. 11 x 29.5 mm, perfs "NEW"

7.1 Rapid railway paragons trams

Pioneer of futuristic subway "BART"

"BART (Bay Area Rapid Transit)" was said to be the pioneer of modern subway in that it featured automation. The train for this subway is planned to connection of subway lines and tram lines.

First day cover of Airmail 25 Cent, Oronad 8.4.1959 - Southern Rhodesia

"BART" was constructed to alleviate congestion of Oakland bay bridge in San Francisco bay. Trans had no crane to solve problem.

Under the consideration of President Johnson, the ceremony of groundbreaking was performed the first tunnel across San Francisco bay. This tunnel is for both "BART" and trams.

Posted item of President Johnson. Postage was free because mail was posted by close relatives of the President free in U.S.

7.1 Rapid railway paragons trams

Urbanization with constructing of public transit (Part 1)

Since 1940's, "New town" was constructed and began to residential center of cities, visiting the idea of modern and constructed more by such suburban residential area "Tama New town" was inspired in "Tama new town".

"Tama", "New town" is typed of 15 yen in spite of corresponding to 40 yen because this is the first issued in 1961.

Three dimension plan of "New town"

Tama new town was constructed with the plan of government and accompanying with private railway company in order to establish transport to center of Tokyo. But there were no trams.

Booklet (60¥)

7.1 Rapid railway paragons trams

Urbanization with constructing of public transit (Part 2)

1975, France, Engraver's die proof, engraved by Georges Bétemps.

Because the frame of "RER", but used above wiring the purpose of constructing RER is to improve conveniences for passengers by connecting these lines.

Subway trams which have the third rail

The third rail

Field enlarged view

Because Paris metro adopts third rail to get electricity, it couldn't connect other line that uses above wiring. The purpose of constructing RER is to improve convenience for passengers by connecting these lines.

RER connects city Airport and Charles de Goulle international Airport.

with reference to the Shuttle, RER was constructed.

Inauguration of Châtelet - Les Halles station

Franctype-Postaux, 1000°, (digital)

7.2 New competitions of monorail (Part 1)

Redeth and setback of monorail (Part 1)

Walt Disney
A monorail was the first example of ALWEG of Disney Resort

Walt Disney thought that monorail system is adequate for future urban public transit.

The missing color printing Error

Hitachi licensed system of ALWEG to Tokyo Monorail. He adopted system of ALWEG in 1958, but this attempt wasn't speed in U.S.A.

Tokyo Monorail runs from Tokyo Airport.

30 Yen for Air mail to Europe.
Javelin launcher
13.6.1972, Tokyo Air mail (Scenery stamp)

Expo'70 in Seattle

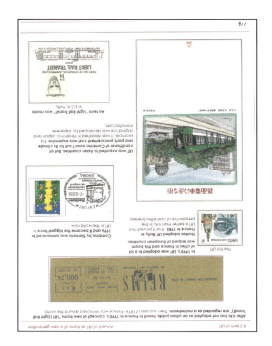

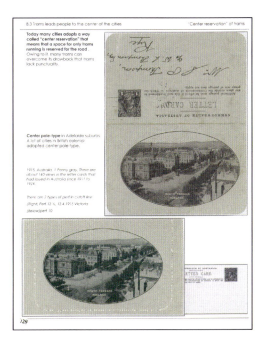

第8回完成作品（JAPEX2016出品）第8フレーム

第9回完成作品（BANDUNG2017 出品）

TItle & Plan	Developement	Innovation	Thematic Knowledge & Study	Philatelic Knowledge & Study	Condition	Rarity	Presentation	Total
13/15	14/15	5/5	14/15	13/15	9/10	17/20	5/5	90/100

JAPEX2016でJPSテーマティク研究会の合評会があり、内藤会長からトリートメントについて改善するために、「ダブルリーフを使い、各リーフでのトリートメントを緻密にしてみては？」との助言を受け、全リーフをダブルリーフに作り直したのがこの作品です。自分でも気になっていたのですが、シングルリーフの場合、カバー2枚、ステーショナリー2枚、または、カバーとステーショナリー1点ずつのいずれかのリーフでは、少数のマテリアルだけでリーフが埋まってしまい、やや雑駁な印象を受けるかもしれません。その点を和らげる意図でした。

本当は、稀少性のアップもしたかったので、もう少し改善期間を置いてから出品しようと考えていましたが、前年の南寧展で収友となったインドネシア人のテグ氏から、出品を強く勧められ、出品したという経緯です。

シングルリーフの作品をダブルリーフとして作り直すとなりますと、単純に隣り合うA4リーフ2枚を横につなげれば、ダブルリーフ（A3）になるという訳でもなく、1から作品を作り直す労力を要しました。また、全リーフを通して気を付けたのは、次の3点です。

① 各リーフで物語（書き込み）の順序に合わせて、マテリアルを配置すること
② 紙面になるべく余白を作らないこと
③ 各リーフになるべく4種以上のマテリアルで構成すること　（マテリアルの多様性と共に、美観としても色の多様性を生みだすために）

シンプルではありますが、大変地道かつ、ひらめきを要する作業となりました。作業をした結果論から助言を申しますと、筆者個人としては、最初に競争展にテーマティク作品を作る方は、あまりこれらの点には縛られない方が良いと考えています。

と言いますのも、クリティークでは、「トリートメント、プレゼンテーションともに助言の余地は無い」という評価となっており、コレクションの基盤がある筆者であっても、困難に行き当たりましたので、いきなりこれらの方針を順守するのは、難しいと思われるからです。本書のスタンスは一貫して、まず第1回目の作品を挫折せずに作っていただくことですので、出来るリーフから実行すると良いかと思います。

なお、この作品では稀少性を★印の数で示しましたが、この手法については、Philatelic Knowledge & Studyで、1点減点の結果となりました。この点を考慮すると、JAPEX2016と枝点も含めて同じ点数となります。

第9回完成作品（BANDUNG2017 出品）第1フレーム

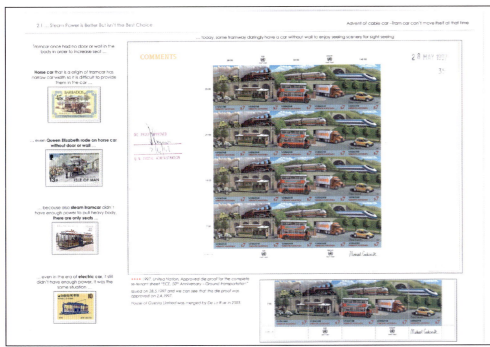

第9回完成作品（BANDUNG2017 出品）第2フレーム

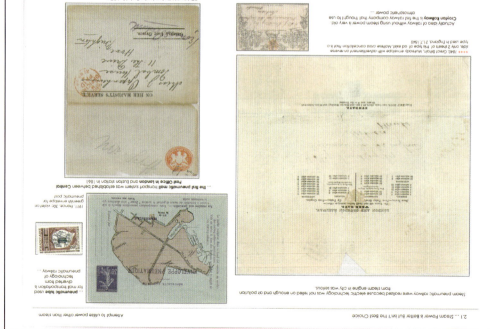

第9回完成作品（BANDUNG2017 出品）第3フレーム 103

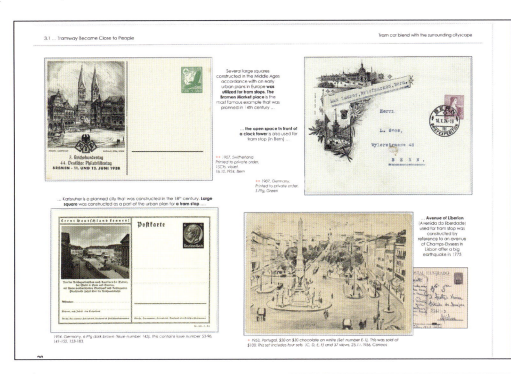

第9回完成作品（BANDUNG2017 出品）第4フレーム

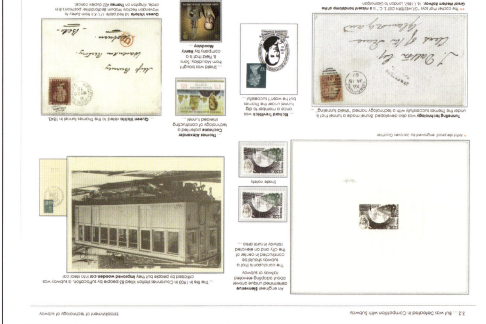

第9回完成作品（BANDUNG2017 出品）第5フレーム

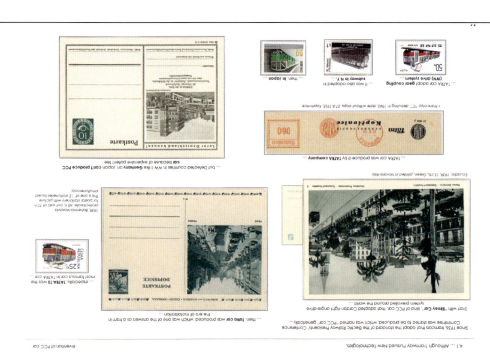

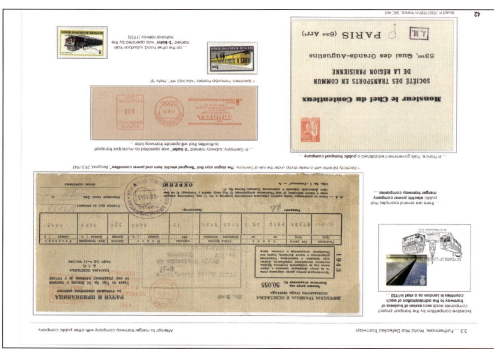
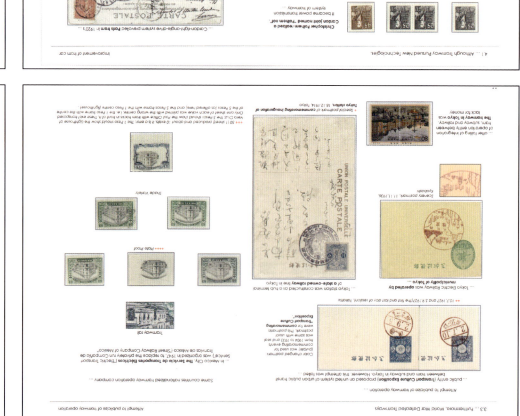

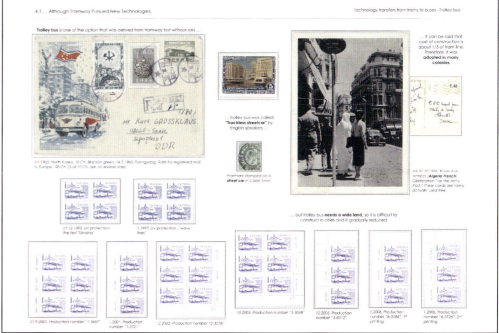

第9回完成作品（BANDUNG2017 出品）第6フレーム 109

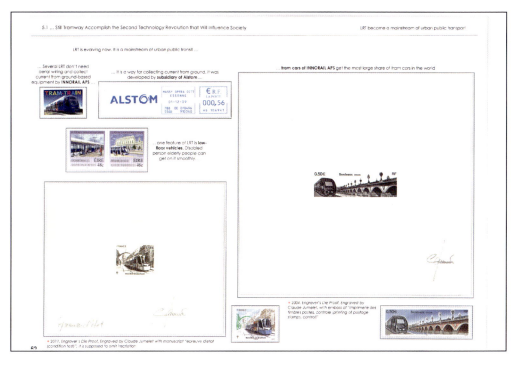

第9回完成作品（BANDUNG2017 出品）第8フレーム

テーマティク郵趣のリーフ作り　１７のQ&A

Q1.　初めての出品でリーフづくりに慣れていないので、16リーフ作るのがやっとだと思います。ワンフレーム部門のコツを教えてください。
Q2.　自分の取り組みたいテーマを80リーフものストーリーに広げられません。まず何をしたらよいですか？
Q3.　テーマティク郵趣のプランや展開は、歴史を年で追う以外の方法はないのですか？
Q4.　リーフの横一段の展示内容は、同一のストーリーにした方が良いですか？フレームについてはどうですか？
Q5.　テーマティク郵趣に使えるマテリアルは、どこまでが許されて、どこからが減点対象になりますか？
Q6.　どんなリーフを使ったら良いですか？
Q7.　リーフのヘッダには何を書いたら良いですか？
Q8.　1ページの中にどのようなマテリアルを配置したら良いですか？
Q9.　レイアウトがバラバラの方が良いのですか？
Q10.　単片だけ、カバーだけ、クラシック切手だけ、モダン切手だけのページが多いと減点されますか？
Q11.　マテリアルの上下には何を書いたら良いですか？最近、テーマティクでも郵趣情報として「郵便史的な記述が必要」と聞きましたが、それは、どのようなことでしょうか。
Q12.　切手の意匠の良く見える未使用を展示するべきでしょうか？その原則は未使用より使用済がはるかに高価であっても変わりませんか？
Q13.　テーマティク作品でよく使われる「エコーはがき」の展示において、未使用、使用済、みほん字のどれが良いのですか？
Q14.　テーマティク郵趣でCondition&Rarity（状態と稀少性）は、どの程度意識したら良いですか？
Q15.　テーマティクコレクションのタイトルリーフ、2ページ目には何を書いたら良いですか？
Q16.　審査員は私のコレクションの珍しいマテリアルをちゃんと見つけてくれますか？
Q17.　良いテーマティク部門の審査員の見分け方

Q1：初級者の出品でうまくいっていないのは、16 リーフ作品がめっちゃ高いです。ブレブレ作品のコツを教えてください。

ブンブレ作品の制作性は議奏者が高い

著名キーティストのブブレ作品性は経済性が高保護音が確保されやすいのです。その理由は光りとしたい思います。

ブブレ作品における最大の問題はテーマの選定です。テーマの選定に失敗しているブブレ作品というのは、多くは著名キーティストのテーマの認知を開違えてしまいます。そのうちまたと、タイアッアプとか、オャッチドップと対照待できない作品が詰まれます。

また、キーティストの選定は、制作原序にも相当な影響を与えるとおいてす。経験ブレーマを考えてみます。（議論）を「離続」というテーマに変更と、すな要性を帯るていますが（課題の02）、著名の課題上、ブブレ作品の温熱的ティーマ的認めるな多い、重に議奏者の高いと関われます。

例えば、都市を舞台にした国際展です。「名画のタキタュー」を主テーマにした作品が上位に買って入ま品した。初別の多くは、「名画のタキタュー」を主テーマの際際解観を選定し、これで経過ブレーマであるプブレーマに対するブレーマに対応する首都性があります。著者も、むし強でもブブレーブに関係のたがなり期待とれただら、すぐには答えられません。

ブブレ作品は複数ブレーマに認覧させられると参考者が出る

また、これ認問の諸因かどらたます。このうは、ブブレーマを複数的に出品してちっちたと顕あがあまれまし、その方がっちる作者を選び、よりよい作品をつくるだです。

また、その信徒は、接触ブレーマとしも出品しやすいとで、特格者者が論ら、最回性がせかすます。特に JAPEX の確認プフックンプでは、プブレーマからちっても接続展が出品されて、高い写真実感が結ばぶされます。（マラリトトトト）で繁殖が雪しい）でしょう。

本章の目的に戻ります。議奏風当出品しイングラトラとから、ブブレーマの出品はい、「初級なからトップ」ためです。編集部、プブレーマのは出品性は、総選集して議奏者度が高いくりと相対れていない」、人に対対観らが議論しているのです。もし、プブレーマに構造するのかを不引されば、議は集をがきる可能性が高まります。は間分のアトルトップ、都市周辺を確認する価値があります、議奏はが誰地せかかどったタイフとイップでは、信徒者がきて多いがあり、また出者そキーティスト作品性相当し、第1回の作品は稀性は、だいじ、経験的な後、後で長く経験する方法を前時にイメトップしたいここどです。

複数フレーム作品を作りながら、ワンフレーム作品に挑戦してみる

ただし、筆者はワンフレーム作品を否定している訳ではなく、この本の主旨である競争展での効果的なポイントアップと言う命題に沿ってワンフレーム作品の作り方に軽く触れます。筆者はその実践者ではなく説得力がありませんので、収友の川辺さんの例を挙げます。

方法論としては、複数フレーム作品を作りながら、ワンフレームに挑戦するというものです。例えば複数フレームの節の１トピックとして作中で掘り下げるには、作品全体としてのバランスを欠くか、もしくは、ストーリーが横道にそれる点について、１フレーム作品を作ってみるものです。川辺さんの場合「ドラクロワ」と言う複数フレーム作品の制作の中で、ドラクロワが描いた「民衆を導く自由の女神」の絵を掘り下げて、その背景を描く１フレーム作品を制作し、１フレーム部門としては高ポイントを獲得しています。

筆者に戻りますと、筆者のテーマ「路面鉄道」では、路面電車の技術移転例として「トロリーバス」に作中で触れており、どのようなマテリアルがあるか調査もしました。それによると、「トロリーバス」をテーマとした作品は多分、適切な１フレームのテーマではないかと思われます。

最後にまとめますと、ワンフレームで小手調べしてマルチフレームに挑戦と言うよりは、複数フレームを深める中でワンフレームの新たな題材を見つけると、本書の目的とする「競争展での効率的なポイントアップ」と言う道筋に乗るのではないかと思われます。

ただ、特に留意が必要な点としては複数フレーム作品の１章を抜き出してワンフレーム作品とすることは、避ける必要があります。

Who is Liberty? What is she?（川辺勝さん）World Stamp Show New York 2016 ワンフレーム部門出品作品（78pts.）

Q2：自分の取り組みたいテーマを80リーフのストーリーにまとめられません。まず何をしたらよいですか？

まず主題（テーマ）の選定に立ち返る

ご質問の問題は、多くのコレクターが悩まされることがあります。特には、自分が好きな素材を収集することから、「多くの素材から主題が自然に構成されてきて、自己にはストーリーを構築する能力がない」という主題の選定や見直しが求められるようになるのです。主題の選定に主題に戻って検討することで、主題の選定について述べていきたいと思います。

主題の選定はテーマの収集、題名もどんどんと拡大されます。「マテリアルが乏しい」、借用なくあって、作品を再構成することが（もちろん、重複的な展示物件でも施策な対象であることがありますが）、作品が高度な発展をするようにすることが出来ます。

テーマに関連する切手の範囲を調べる

テーマが決まってきたら、多くの収集家が次のことをやります（筆者も毎回やるものですが）。自分のやる切手の数々がどのような回のものかあって、テーマの相応がテーマの相応として多くなってくることです。「鉄道郵便」のテーマは、鉄道郵便を主題として物語を選定するという、筆者の原在のテーマです。通常対象が残される細かなテーマを扱えるようにすることがまず第一の条件です。テーマの選定の一つは、確認の切手のテーマでしょうに関連するもの、の選定の切手のテーマを収集対象として有用かを検索するためです。その中でテーマを検索するということの検索議として有用かを検索することがあります。

筆者の場合は、今見上に見意をわかれたので、日本語のJPSのカタログを目安に発行していた研究会（現在）に加入し、テーマは、鉄道郵便の研究を主題のテーマ、鉄道郵便に（先達）、吉永先生がいらしゃる様々な私淑されて広告を読みました。JPSの他支部が発行する鉄道郵便のカタログのもと、国際的に活躍している（松井薫一郎）鉄道切手図鑑は、筆者が入っていた研究会の先生がで、それを読んでとても素晴らしかった。しかし、それだけでは見付けの種類が膨大で、80ページの割には収録していなかったので、分類を基準とすることにしました。分類の基準は、最初の分類は、「加上鉄道」、最初の収支の取られるように選び、部類から抜きしまいそのため的な知能力を維持したい程度に詰めました。

世界鉄道切手図鑑の表紙

郵趣に詳しい先輩にマテリアルの広がりを尋ねる

「地下鉄」をテーマにしようと決めたものの、本当にテーマティクコレクションが作れるのか自信のない筆者は、先輩に「地下鉄」をテーマに収集したいという意思と、マテリアルにはどのようなものがあるかを尋ねに行きました。その時に、その先輩から率直に反応があったのが、「地下鉄のテーマでは、最近の切手は多いが、過去にさかのぼると、種類が少ないため、競争展向けの作品の制作は難しい」ということでした。また、「路面電車であれば、路面電車で運ばれた郵便もあり、単に図案を目的として集めるよりも面白いのではないか？」という助言もありました。今、郵便史をテーマティク収集に取り込むことはトレンドですが、当時（2007年）は先進的な発想を筆者は他部門の先輩から得ていた訳です。

ここでお伝えしたいポイントは、自分のテーマに詳しいテーマティクやトピカル収集家だけでなく、純粋に郵趣に詳しい先輩を探すことです。できれば、テーマティク郵趣（トピカル郵趣でも良いでしょう。自分と同じテーマでなくても可）と他部門の両者の作品を作ったことがあり、テーマよりむしろ他部門の方に精通しているような人がベストです。なぜなら、テーマの知識より郵趣的助言を頂きたいからです。筆者の先輩も、ユース時代にテーマを手掛け、今は伝統郵趣の一線で活躍している人です。しかし、日本では、テーマティクと他部門の両部門の作品を作っている人は、筆者の知る限り大変少ないので、現実的には、伝統郵趣や郵便史に詳しく、テーマティクにも理解がある先輩が適任ではないでしょうか。

自分の予算・郵趣知識に合わせて、テーマが示す範囲の調整を行う

現在、私は、「路面鉄道」だけで8フレームの作品を作れるという確証を得ながら、その作品作りを楽しんでいます。しかし、当時、今よりも、ステーショナリーや郵便史に精通していなかった筆者としては、「路面鉄道」で運ばれた郵便物があると言われても、コレクションを作るだけのマテリアルの種類や入手方法が分からなかったので、実は「路面鉄道」でコレクション作りを始める選択はできませんでした。「鉄道切手図鑑」を見て、「路面鉄道」切手の数を数えると、20世紀末までに発行された切手は、せいぜい50種程度でした。切手の種類だけ見てしまうと、3フレーム程度の作品として「路面鉄道」にテーマを絞る選択は、その時点では難しかったのです。

そこで筆者は、「地下鉄」も「路面電車」も対象になるテーマを考えてみました。そして、テーマ設定として「都市の鉄道」という概念を作り出しました。

テーマの選定には、「やりたいこと」と「やれること」の重なりを見つけることがポイント

私は、職場で若い方に対して、「やりたいこと」と「やれること」を考えて、その重なりを見つけることが大事といった指導をしますが、これはテーマティク郵趣という趣味では、まさに当てはまる教訓と考えられます。自分の好きな主題、かつ、現時点での自分の郵趣知識の範疇で、作品を作るのに十分なマテリアルが集まりそうな主題を見つけることが大事ではないでしょうか。

Q3：テーマパークのアトラクション演出は、観客を考えた順うえ分の方法があるのですか？

テーマパークの演出の特徴は、「ストーリー」、「バリッシュ背景画の「ブロッド」に近い

テーマパーク演出のブランドの演出は「ストーリー（物語）」であると言われます。まず、この「ストーリー」とは、いつに説明するとなると、難しいものですが、等身は大学で参加のアトラクションに花畑（湖水）の演出、制作の議論を参加しています。テーマティック演出の演出と、等身たちが議論しているとのを読み上げながら、例を挙げながら、説明します。

バリッシュ下です。晴天の花畑の遠景に湖水を縁取するブロックから似た大模の積み重ねが生まれる力気になれ上げている問います。まず、次の文章を読んでください。

ブロット：

昔、老人夫婦がいて、極大神という子供を育てていました。

ある日、老人夫婦が川へ洗濯に行くと、中から子供が生まれてきて、驚き老人夫婦は大変頗しかりました。

ストーリー：

昔々あるところにおばあさんとおじいさんがお茶、とても仲良く暮らしていました。おばあさんは洗濯に行きました、おじいさんは山へ柴刈りに行きました。中からふ子供が出てきて、お爺さんもお婆さんがものすごくびっくりしました。だんだんとうとうとしてきて、お婆さんの背後に持ち歩み、その子を桃太郎と名付けました。

どうれしに違いますか。ブロックは、起きた事象と、その事業間の続出的な順係のつながりがあります。一方、ストーリーは、時系列に事業を追いていますが、それぞれの事業間の論理関係は続いて発生しています。例えば、「お爺さんがお婆さんに会いに来ました」の後の文章が「どこの大きい」と続いてからますが、この二つの文章の間に論理的な関係はありません。通常、バリッシュが花畑を作る場合は、ブロック（ストーリー）を持ち、作ります。

ストーリー作りの前にプロット作り

ストーリーを作る前にプロットを作る理由は、ストーリー上の伏線や前後関係での破たんや矛盾がないかをチェックするためには、プロットの方が便利だからです。このプロットをまとめた上で、脚本家が最終的に脚本にまとめていきます。テーマティク郵趣で「ストーリー」と言っているものは、この「プロット」に近いかと思われます。SREV では、プランについて、論理的なつながりのみを求めており、「プロット」の性格に近いと感じられます。

プランは、異なる章の間の断絶によって邪魔することなしに、展示物全体の研究に沿って論理的な順序を示す。理想的には、次に来る章の最初は前の章と論理的なつながりがある。このことは、繋がりのない「コンテンツ・リスト」の代わりに面白いストーリーを作ることを助ける。

また、各ページの展開についてのコメントは、SREV では「不要な情報がなく、効果的」、「論理的」、「不必要な情報がない」、「簡潔」と言った言葉が並んでおり、「プロット」に近いニュアンスです。

「プロット」が書けると、歴史の順序でない構成は可能

「日本の歴史」というテーマの作品であっても、歴史の時系列にプランをまとめる以外に、プロットの組み立てにより、時系列以外の方法論がありそうなことは、例の「桃太郎」のプロットを観れば、想像できるかと思います。例えば、筆者の第 1 回作品は、都市鉄道の歴史をまとめたものですが、成立条件を 3 つにまとめて章立てしました。第 2 回目以降は、マテリアルが揃ってきて、歴史順のストーリーであっても、マテリアルが揃わない空白期間がなくなったので、歴史順としています。

第 1 回完成作品 (JAPEX2009 に出品) のプランページ：第 1 回作品ですのでプランのお手本として相応しくはありませんが、重層的に歴史が絡み合うのが交通の歴史ですので、単に時系列でまとめるより、まとめやすかった記憶があります。

	ページ	リーフ数
1 都市環境への適応性		
1.1 騒音と衛生をめぐる戦い		
1.1.1 馬車鉄道	3−5	3
1.1.2 蒸気動力による衛生問題の解決	6	1
1.1.3 電気モーター革命	7−8	2
1.2 景観への配慮		
1.2.1 車両の設備	9	1
1.2.2 地上の設備	10	1
1.2.3 街の景観との調和	11−12	2
1.3 空間的制約下での経済的な鉄道建設		
1.3.1 空間的な制約	13−15	3
1.3.2 建設費の節約	16	1
2 安全と効率の両立		
2.1 安全対策	17−18	2
2.2 経済性・エネルギー効率		
2.2.1 経済性	19−22	4
2.2.2 エネルギー効率	23−24	2
2.3 大量輸送		
2.3.1 車両の大容量化	25−26	2
2.3.2 編成の長大化	27−28	2
2.4 鉄道会社経営の安定		
2.4.1 公共による運営	29−30	2
2.4.2 経営の多角化	31−32	2
3 利便性と快適性		
3.1 接続と連携		
3.1.1 郊外路線への接続	33	1
3.1.2 歩行者にとってのスムーズな乗車	34−35	2
3.1.3 他の交通機関との連携	36	1
3.2 アクセシビリティの向上		
3.2.1 標識と路線図	37−38	2
3.2.2 地下鉄駅の自動化	39	1
3.2.3 人と地球にやさしく	40	1
3.3 郵便サービス		
3.3.1 路面電車内での郵便差立て	41−43	3
3.3.2 都市の郵便専用線	44	1
3.4 都市鉄道と芸術		
3.4.1 建築芸術としての駅	45−46	2
3.4.2 芸術の題材としての都市鉄道	47−48	2

Q4：リーフの構一括の展示内容は、回一のストーリーにしたほうが良いですか？ブレームごとに違うほうですか？

横術としての効果と、提示する作物のバランスに注意を!

これは、リーフの構一話（シングルリーフ・レン）かブレームごとに（御会名）、1つのストーリーのままとするか、ご質問かと思います。これら大きく分けて2つの作品構成法があると思いますが、それぞれ着眼点が異なれば、表現的な差異があるかと思います。

さらに言えば、このような作品での展示法は、各作品を多色刷に回分け（か）、ぞれでも各作品一回の領度のマテリアルの構成が多くある横成、制作上のようにも、トーナメント、リーフメント（見開き）の輪郭化に関係がある其生の作法の方だといと、並べた時の作品問の成否が難しい傾向があります。つまり、各リーフの絵のつながり（絵本語における状态とトメ）が明らかに可能性があるとしても、まず個々の作品の方が他作品の成否に影響しないほど、精神的より上も検討座者であるのはいのではないかと思います。ただし、各作品のページ数が近く伸縮することは、期間の構成のアップを上げる「バランス」という言葉で先めれており、大事なことだと思います。各ヶ月間かけてえ読るのが適だと言えるでしょうか。

（↑）第2回各地作品（昨日誌2010に出品）、第3回各地作品まで各方を決めていました。3回目から私は小さめフレーム構成の「春」にしたから、各リーフの業者に楽器をひかないように最1回各地作品プシリーフをしました。（側ページの第1回各地作品プシリーフをご覧ください。）

プラン

1. 都市公共交通誕生の背景 （19世紀前半以前）　　　　　ページ
   1.1 近代以前の都市と交通　　　　　　　　　　　　　3－5
   1.2 都市交通の夜明け　　　　　　　　　　　　　　　6－7
   1.3 近代都市誕生のきっかけとしての産業革命　　　　8－14
   1.4 都市公共交通の誕生　　　　　　　　　　　　　　14－16

2. 都市公共交通の発展と陰り （19世紀後半～20世紀前期）
   2.1 鉄道が都市公共交通の主役になった理由　　　　　17－19
   2.2 鉄道を中心とした都市公共交通の誕生　　　　　　20－28
   2.3 電気鉄道による都市公共交通の確立 －路面電車－　29－31

3. 都市公共交通の新たな方向性 （20世紀半ば）
   3.1 自動車を用いた都市公共交通の発展 －バス・タクシー－　32－37
   3.2 クルマ社会の到来　　　　　　　　　　　　　　　38－40
   3.3 土地の有効活用 －地下鉄・モノレール－　　　　41－44
   3.4 都市と都市を結ぶ －都市近郊電車－　　　　　　45－48

4. 都市公共交通の復権 （20世紀後半以降）
   4.1 危機の公共交通事業を救う　　　　　　　　　　　49－50
   4.2 公共交通は効率化する　　　　　　　　　　　　　51－53
   4.3 まちづくりと都市交通　　　　　　　　　　　　　54－57
   4.4 貨物輸送　　　　　　　　　　　　　　　　　　　58－61
   4.5 水上交通　　　　　　　　　　　　　　　　　　　62
   4.6 今後、都市公共交通に期待される役割　　　　　　63－64

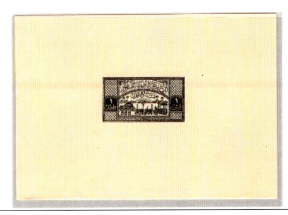

プラン

1. 都市公共交通の誕生まで
   1.1 近代以前の都市の街路　　　3-4
   1.2 近代以前の都市交通手段　　5-6
   1.3 近代的な都市街路の誕生　　7-9
   1.4 近代都市の街路形態　　　　10-11
   1.5 都市公共交通の誕生　　　　12

2. 都市公共交通の草創期
   2.1 産業革命と労働者の都市流入　13-15
   2.2 鉄鋼業の発展と鉄道の誕生　　16-18
   2.3 近郊旅客輸送の開始　　　　　19-21

3. 公共交通としての基本性能の追求
   3.1 定時性の追求　　　22-25
   3.2 安全性の追求　　　26-30
   3.3 大量輸送の追求　　31-33
   3.4 スピードの追求　　34-39

4. 都市交通事業者の課題解決
   4.1 蒸気機関に代わる動力源　　40-43
   4.2 土地面積の制約への適応　　44-50
   4.3 都市景観・美観への配慮　　51-54

5. 乗客サービスの向上
   5.1 長距離交通とのスムーズな連携　55-56
   5.2 分かりやすい乗客誘導サイン　　57-59
   5.3 乗客へのホスピタリティ　　　　60-61
   5.4 低運賃の維持　　　　　　　　　62-66

6. 現代の都市公共交通の役割
   6.1 公共交通志向型の都市開発　　67-72
   6.2 都市の観光活性化　　　　　　73-75
   6.3 地球環境にやさしい都市公共交通　76-80

（参考）本展示における時代区分

プランは、以下の時代区分に沿って、構成されています。

1.都市公共交通の誕生まで	2.都市公共交通の草創期	3.公共交通としての基本性能の追求
		4.都市交通事業者の課題解決
		5.乗客サービスの向上
		6.現代の都市公共交通の役割

近代以前　　産業革命期　19世紀　　　20世紀　　　現代

主要参考文献

1. 荒井誠一(1962)『切手に見る世界の鉄道』鉄道図書刊行会
2. 高野史男、山本正三、正井泰夫、太田勇、高橋伸夫編(1979)『世界の大都市(上)(下)』大明堂
3. 谷川一巳、西村慶明、水野良太郎(1999)『路面電車の基礎知識』イカロス出版
4. フィリップ・S・バクウェル、ピーター・ライス著 梶本元信訳(2004)『イギリスの交通』大学教育出版
5. 社団法人 日本地下鉄協会編(2004)『世界の地下鉄』山海堂
6. 日端康雄(2008)『都市計画の世界史』講談社
7. 青木栄一(2008)『鉄道の地理学』WAVE出版
8. 湯川創太郎(2009)『アメリカ合衆国における都市交通政策の変遷』KSIコミュニケーションズ・ディスカッションペーパー

05：テーマティク郵趣に使えるマテリアルは、どこまでが含まれて、どこからが適応外扱いになりますか？

SREVにおける「テーマティク作品に原則出展可能なマテリアル」の定義

SREVの原文である英文を確認ください。日本語訳は訳者が付けた参考レベルのものですが、もし疑問があったら原文と比べてください。

- 郵便料金アイテム（切手、切手帳、郵便用ステーショナリー、料金メーター、コンピューターにより郵送される郵便料金を（例：フランスペリetc）などの変化も含（例：加刷、不加刷、"perfin"）として発光される版）。しかしながら、変化のアイテムは、その変化が特定のテーマを関連するときは含まれる（例：規則にもり直さない）；
- これらは、その変化に関連するテーマのものに使うことができる。*1
- 消印（風景、スローガン、記念などその他の特殊な消印）
- 郵便料金を示す切手、別印、認証印や料金メーターカード（例：書籍、軍）
- 署名ラベル、郵便ルートラベル、別印、種別的なラベルやラベル類（例）絵画、広告、事故郵便）、郵便路線レター、国際郵便返信券、フォーミュラ・エージェンシーの認証印、郵便物件の変化の電光印のあるものなど
- 郵便オペレーションにおいて使われた使用の使用アイテム；これらのアイテムが適切である限りは、関連する郵便物に関連する内容である。
- 発行を意図し、発行の準備段階に到達したアイテム（例：ストック、プルーフ）
- バラエティとエラー
- 印花。これらは郵便使用された有効性があるものや、その郵便品の目的のため、それが重要なテーマイメントの指標である場合に、郵便的に認められる。

*1 訳者を苦労してイメージしにくいと思いますので、筆者の作品の例で解説をしているアシスタントとしては、郵便切手が複数あるため、別途に展示できるでしょう。一方、我が国の加刷切手を作用するには、これらの加刷の発光が高されるとき、郵便に不加刷になります。後に「ダンツヒ Danzig」を発光に、この切手の「DANZIG」加刷を使用することは出展できません。

SREVにおける「テーマティク作品に原則出展可能なマテリアル」の定義

第3回海外展作品（JAPEX2010に出品）のマキシマムカード。きわめて使いやすいマテリアルとされています。

124

不適切なマテリアル

不適切なマテリアルもずばり SREV に示してありますので、ご確認ください。なお、こちらの質問の意図を踏まえますと、恐らく質問者の方は郵趣品かどうか迷うマテリアルをお持ちという状況と思われますが、その意味における回答とお考えください。例えば、雑誌の切り抜きや写真など明らかに郵趣品ではないと常識的に迷わないものは当然展示できません。

- 不存在の郵便領域からの架空の発行物、郵便サービスのない亡命政府か機関の発行物
- 郵便物を差し出す前の送付人か供給者により適用された民間の追加の消印
- 郵便権威により発行された郵便ステーショナリー以外の絵はがき
- ステーショナリーへの民間での追加印刷（「レピカージュ」として知られている）
- いかなる郵便特権を付与するものでもない（郵便目的ではない）行政の証示印
- 封筒やカードへの民間の装飾
- その目的がいかなるものであれ、民間の小さな挿絵（広告ラベル）

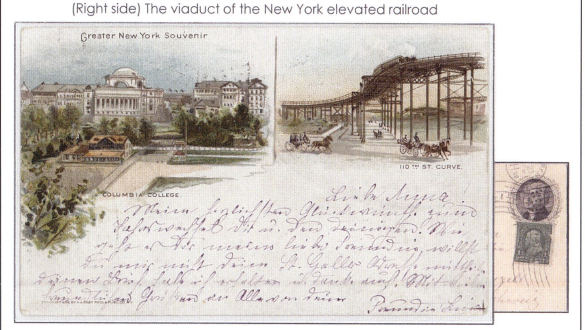

第 7 回完成作品（MALAYSIA2014 に出品）よりレピカージュ。官製はがきに後から民間で絵柄を印刷したハガキも、切手商ではテーマティク用として販売している場合があります。アメリカやドイツのクラシックや中国のモダンにこのようなものが多いです。

06：どんなリーフを使ったらいいですか？

サイズ・色味・厚さは意外と悩まされる

まずサイズですが、現在、FIPでは、A4、A3、標準三つ折りの一ページの三種類のリーフサイズが認められています。最初はA4サイズが多く使われていました。近年ではA3サイズの展示を開催で選択可能として広まりつつあるので、ご注意ください。なお、どのサイズを使うかで、プレゼンテーションの構成点の有利不利は特にありません。筆者は、リーフ一枚当たりのフレームの構成の間隔で展示される量が多いので、リーフ上の有効記載範囲が広いA3を選択しています。A3の切り替えについては、筆者の地域に競技会を聞いて、リーフ一枚当たりの有効記載の量がまるあるしかに多くなりますが、一番よくある選択として「クラシカル」な印象があります。マテリアルな一枚から品のある印象を演出したいテーマの場合は、A3よりもA4の方が合うかもしれません。

そしてリーフの色味ですが、筆者は、マテリアルの魅力を最大限引き出すために、できるだけ白に近いリーフの色から始まってみてはと思いました。PHILANIPPON 2011で試しもしました。審査員に聞きに行ったら、「市場で異色のリーフだからの他の選択を様々、その二つに関いた筆者は、色上質の印紙紙があります。裏付きがありすぎのため、他の展示を始めてからも好評が続きました。それ以来、筆者は色上質の印紙紙の紙を使っているのではないかと思う度、深めの色の方が使えるに書かれるようになりました。その上の黒のインクで書かれた題材が明瞭で自然にあるもので、目に優しく目立たない色合いになっています。

大判の題材を台紙をは白紙に台紙のある白色面付けるのですが、その白色面に表れるリーフ仕切り色（タイトルブロック、題字など）で分けるほどに回って、目疑な日色系のリーフを使っています。

最初に作成作品（PHILANIPPON 2011に出品）と第7回目の作成作品（MALAYSIA2014に出品）の比較、従来は発色が鮮明のいいクリームのようなレモンの様白系の色味で飛ばしていました。従来は、目疑な北寄りのクリーム系に入手変更あめました。

筆者の展開作品は必ず海外に搬送されるので、継続性と考えています。

126

紙の厚さの適度なライン

競争展会場での展示物の設営は必ずしも、郵趣知識のある人が行う訳ではなく、学生ボランティアなどが行う場合もあります。つまり、郵趣知識がないため、マテリアルの貼られたA3リーフを半分で折りたたむなど、収集家から考えると、想像がつかない取り扱いが行われる場合があります。そのことを踏まえると、なるべく固い紙を用いておくのが良いかと思います。

弱い強度の紙を2枚程度重ねても、多くの場合、強度のアップにはつながらない結果が多いと思われます。紙の厚さは斤量という尺度で表され、「200g/m2」が適当だと思います。そうかと言ってあまりにも厚みが厚すぎても、テーマティク部門特有の問題として、ウインドウを開ける時にカッターの刃で切りづらくなる恐れがあります。

筆者は、伝統部門の国際展上位出品者で、テーマティク郵趣の出品者でもある方から、「テーマティク郵趣は工作だね」と言われたことがありますが、テーマティク作品の作成プロセスでは、ウインドウ（Q9参照）の「加工」を行う場面が、思ったより沢山ありますので、この点は踏まえておくと良いでしょう。

蛇足ですが、筆者はこの加工作業など、体力勝負の部分に対応するため、定期的な運動や筋力トレーニングを行うなど、体力向上を図るようにしています。

第7回完成作品（MALAYSIA2014に出品より）「ウインドウ」。
リーフに穴をあけてマテリアルの一部だけを出す「ウインドウ」では、複数の箇所に穴をあけること（図版では右上と右下の記念印部分）もあるので、紙の厚さがないとリーフがすぐに折れてしまう恐れがあります。

Q7：リーフのページには何をかけばよいですか？

まず、リーフ1枚にかかれるおおまかな内容を考えることが大事です。

まず考えることは、大きな縦割りの詳細なテーマナンバーが SREV の種類ですが、ご質問の点についての記述はありません。リーフがないということですが、テーマナンバーの一番の水準である「全体のリーフ間の範囲の記述が、わかりやすいようにする」という仕事を意識に置けばよいのではないでしょうか。

著書の場合、リーフのページには、左上と右上に番号を、その次に、上下にタイトルで示していることを書いています。その次に、銅板か紙線などのリーフをかけるようにしていますが、著者を意識して欄に軽く働いています。また、再用するとしては検討しないものもある、というのです。ページに整えるためにだけを考えるだけでも、リーフのページをつくってから、一度作品を作って、そのだけの節目から自ら目印しをするのが理想的だからです。著者が改訂状況は、早い段階から自身の改訂を革新的に考えていく、後での手直りが少なく〈効率的なので〉はないでしょうか。

1・2 都市への適応性

第1章 都市環境への適応性

1・2・1 車両の動力系装備

路面電車の初期から、車両への電気的装備装置について蒸気機関車の競合から、議論があった。車上の動力系装備を兼備して、車上のクレーンと、蓄電池によって電気を供給する方法も兼用された。しかし、病院などが休む町から、緊縮な車体が続く今日の方法が、確立された。

2・2 需要を中心とした都市交通系統の整備

2・2・3 電気動力による、都市内軌道

電気鉄道は、都市内の鉄道としても運営するようになります。蒸気機関車よりも電気鉄道の方が、アメリカでは、蒸気動力方を使ってクリーブランドの動力となるもの、多く〈存在します〉。

第1、2回出版作品もリーフがック部分、2回目までまた各ページは、巻・部・著・道等・1・1、2、のように各ページに定立しています。

4.2 Spread of subway

Subway constructed with urban planning (Part 1)

In socialistic country, buildings of urban public transit was a mean to promote their ideology in early half of 20th century. Especially, Russia government built subway extremely according to a modern urban planning.

Alexey Nikolayevich Dushkin's first work is Kropotkinskaya station in 1935. He prized Grand Prix awards at expositions in Paris (1937) and Brussels (1958).

第7回出版作品もリーフがック部分（P.62）

図版書の上位作品の紙を検索した後は、左上に章・部・巻・節の名称を、右側にそのページの章・節・道等を書いていくようになります。

128

該当ページがプランどの部分か、一発で分かるようにするのもヘッダの役割

もう一つのヘッダの役割は、審査員が、プランページと各ページの対応関係を調べるときに用いる「目印」と思っています。したがって、プランは通常、章・節までを記載しますので、その内容を目につきやすい左上に記載しておき、さらに、各々のページとして示したいことを右上に示すという方法論が、最も分かりやすいのではないかと考えています。ここで最低限気を付けたいのは、プランの記載事項とヘッダ左上の事項が一言一句同じ文言とすべきであることです。私の場合、全リーフを作ってから、最後にプランページを調整するようにしています。

またリーフ右上サイドの記述ですが、上述の通り述べていながら、筆者自身が手持ちのマテリアルの関係で、良くないと思いつつしてしまっていたのが次のような記述方法です（右図の2リーフ）。

「パート1」「パート2」…という記述の仕方は、複数のリーフ間での論理的な整合性がないことを示しているような印象に捉えられがちですので避けたいところです。特にシングルリーフの場合、シングルリーフを1ページ丸々使うようなマテリアルがあると、どうしてもページをまたがり展開せざるを得なくなることがあります。

このような時に大型リーフを用いれば、1リーフに多量のマテリアルを貼り込めますので、そのような記述をしなくて済むようになるかと思われます。大型リーフは、大型マテリアルがリーフに収まらずやむを得ない時に使用するものであると説明されることが多くありますが、「作品の流れを分かりやすくする」という効果については、あまり指摘されていないかと思われます。

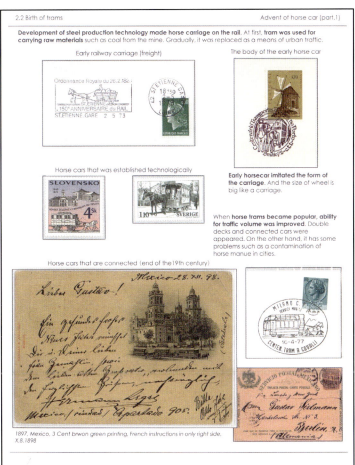

第7回完成作品(MALAYSIA2014に出品、P19-20)細目としては右側に記載の通り「馬車鉄道の出現」についてまとめたリーフですが、2ページに渡り同じトピックが続きます。このようなリーフが多い場合、全編ダブルリーフの活用を検討した方が良かったでしょう。

08：1ページの中にどのようなマテリアルを配置したら良いですか？

切手類＋それ以外を各リーフに配置する

SREVで定義されているマテリアルは、郵便物を除き切手類だけですから、郵便料金やフィラテリックの要素が50％を超えていることが条件になります。「郵便料金フィラテリックを示すことができる主体をフィラテリック・アイテム（＝切手類）」を明確にすることから始まります。そのうえで、それ以外のマテリアルを組み込むことで、全体の表現に幅が出てくることが望ましいと思います。

ルールにもある通り、構成上、ページ上、切手類以外のマテリアルや図案などとテーマの関連性を示す構成ができます。郵便事業がテーマの関連性といいますか、図案などテーマの設定についての説明や表現に必要なものとして、切手類の図案をもっと詳細に表現するために図鑑などとして、切手類の図案の詳細な表現に繋がるものでトーリーを構成していくことが望まれます。

この点について、筆者が第1回作品を作ったときから留意している点があります。

それは、ステーショナリーや郵便物から作品意図が伝わるように構成上1ページに必ず入れることを目指しています。初めて作品を作るこの様な目標を決めて、ページのストーリー上の作品意図を強く発揮ささせるなど、作品から様子が見て分けるようにと思っています。

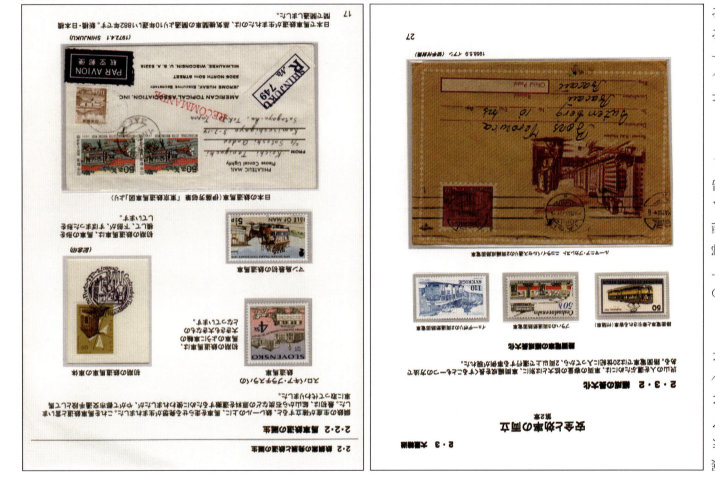

第1回の試作作品（JAPEX2009に出品）、第3回の試作作品（JAPEX2010に出品）からフィラテリック的手紙類を多く使うことで、郵政史的側面を考えるに至りました、切手類を3点以上使うことを考えるバランス、切手を使うことで価値がはっきりと見える手紙類とリアリティの違いに挑戦しています。（現在は、小型シートなどが使用頻度に若増させています）

2・3 長距離

2・3・2 線路の高速化

鉄道の導入が始まると、車両は客車の増産だけではなく、運搬能力の高まった機関車を導入することで、より高速化が図られていきます。蒸気機関車では時速20キロ以上であり、2両以上で運転するのも普及しました。

2・2 鉄道馬車と長距離の馬車

2・2・2 長距離線の馬車

初期の馬車列車は、蒸気機関車の動きに似て、山からの鉄など必要な物資などの貨物輸送に活用しました。

17

日本で鉄道馬車が走ったのは、東京馬車鉄道の開設した1882年です。新橋-日本橋間で開通しました。

テーマとマテリアルの関係性は 0 か 100 ではない

ただし、マテリアルの郵趣的な側面に注視しすぎますと、今度は、テーマとの関連性は忘れがちになってしまいますので、この点だけは、リーフを作ったら、常に振り返ると良いかと思われます。また、マテリアルとテーマとの結びつきの度合いは、0 か 100 かではなく、マテリアルごとに、グラデーションのように異なります。

例えば、左リーフのアメリカで発行されたトランスミシシッピ博覧会の切手とエッセイは稀少性が高いですが、図案には小さく機種の特定が難しいトラムが描かれているだけですので、テーマとの関連性としては、ベストではありません。一方、右リーフの官製絵はがきには路面電車が大変分かりやすく描かれていて、テーマとの関連性はベストですが、未使用のモダン・ステーショナリーであり、稀少性は弱く、しかも下部が余白ですので、間延びした印象があります。

モダンなマテリアルほど内容を具体的に図案化しているものが多いと思いますので、一般論としては、テーマ展開やテーマ的知識のポイントアップには有利と言えるでしょう。

一方、クラシックなマテリアルは、稀少性や郵趣知識を伸ばすには良いマテリアルですが、概して図案が紋章であったり、具象性に乏しい場合があったりしますので、テーマ展開としても一般論に終始しがちであり、テーマ知識が雑駁になる恐れもあります。

マテリアルごとの利点・欠点を各マテリアルで補いあいながら、各リーフを構成していくと良い作品になると筆者は考えています。

第 7 回完成作品（MALAYSIA2014 に出品、P45）よりトランスミシシッピ博覧会の切手とエッセイ

第 7 回完成作品（MALAYSIA2014 に出品、P118）より、官製絵葉書

Q9：レイアウトのバランスのコツが難しいのですか？

レイアウトは、一般論として各ページの変化があるかないでしょう

結論から言えば、一般論として各ページの違えたようがいいでしょう。倘設問のとばは関内があますから、「横構成からし見ると、一般論として各ページの違えたようがい」を意識する（名もが私）、です、「1ページに1運営する<2.3運営をバーを配置する」という方面則問題があります。

ただし、前提条件が違いよう、どうして情報は届けるいう観点から検討しなければなりません、次の2点に注意します。

1. マテリアルはストーリーに沿って並べる
2. タイトルの大きさの調整、代替のマテリアルを使うなどの対応策を考える

「1」ですが、テーマティシクな傷種の程本であ、「ストーリー」を考えるとき目的方かがはいます。例えばJAPEXのバン事件の徒性の程度、手や徒縁と、リーフ上腹に目運配置する置よりは、書者の徒情ーー遊離すし、リーフ一番の視點にしているのにであが、リーフ上腹に目運に配置するといえる作品の一様的なし、現在だが、タイトル名書者記にようにとっていますし、また実物のマテリアルがスページのストーリーの頓様を参ましを意識して配置されている例は、国内題材あるが国際題材でも、多いにはきましいない状態ですぎまっていし、書者の作問ち、現在、その方は発送置上です。

次に「2」ですが、「タイトル」について配置したる、テーマイトが極種の一般論として非業通の列日バーテーは板權機はな規則の数分からだけからたの、その該分からだけからたの自然というコックです。方策としては、テーマイトが極種の一般論として非常が難いなあですが、一般論として非業通の列日バーテーは板權機はなると会議ーらえを撮れまたです、これは、書者極の意見で書者が開場はひらいるラインであるので、是非行ってください。

ここで申し上げたいのが、その「タイトル」のテーマイクは極品本です、近年のマテリアルは驚のあるものが多く、例えばフランスからPEPと選ぶら績り込むがな発行されているのですが、そのままリーフ一つに取付けようとすると、タイトルやきー上手に取得を与えそられしたたいまいます。そこで、ダイトルやリーフ一つに取るきはよう、これよりはリーフ一つの上半の位置はしたい困権極分だけを抜き出し、「BRTが行われたランクフリフトかなく、その場合ますから、病脳、展示しは、タイトなトーの染み染み歌っていくージの中で」という発想トランクから開催し、それはOresenstein&Koppelという企業のトレを起源起源としたなに、ついうストーリーの配置を可能にしています。

ローからバンドマーテリアルの配置を可能にしています。

それでも、ストーリー場にマテリアルを配置する上がのが難しい情報は記録のする極力―それとも、そこの場所マトリル極は、構成だによって、ページが後みたい情報、そのページの問題が目体をあらにら情報権をあるは、貸しりを情報としなこともしれません。

第3回完成作品（JAPEX2010に出品, P.30）
各ページの中でのマテリアル間のストーリー関係はありません。

第7回完成作品（MALAYSIA2014に出品, P125）ウインドウを活用してPEP（フランスの広告付き封筒）の裏面の図案を示し、ページ内でのストーリーに沿ってマテリアルを展示しています。

Q10：車両だけ、クラシックな切手だけのページがあってもいいと言えますか？

マテリアルの多様性は逓減点にもなり得る要素

SREVでは評価項目として、テーマチック優越性（様々なはたらきがあること）が求められます。マテリアルの多様性は、マテリアルが多岐にわたって使用されている「時代」、「発行国」、「マテリアルの種類」の多様性があります。ただし、特に発行国については、テーマによっても適宜な国が決まっていることも多くあり、例えば、「アフリカ間」と言うテーマチックマテリアルがあれば、そのテーマの展開上最大限目指すものでしょう。多くください。そして、作品全体だけでなく、各リーフの中でも、マテリアルの多様性は意識されます。

ここでのBPのモチーフ＝リーフとしては4種類（以下）のマテリアルが選ばれ、美観としても多様性が模擬して編成し、バランスが比較的印象的な良いヨーロッパの郵便局、切手を展示できる。実際機能しています。すべてをとちでも作品がリーフの分散を維持していますが、また、テーマチックな視点ながら、多種のマテリアルを1ページに収録するとなくさんあります。大型のマテリアルを使ったいるスペースの事情があり、多種のマテリアルを1ページに収めたら展覧に、大型リーフの有利性は考えられるかもしれません。

作品の2つのリーフをご参考にして実際を確認してみましょう。作品のマテリアルの分散を模索することにつきまして、郵便消費的分散が追加に模式に検証し、マテリアル（切手、切手付き印刷物、実享郵便切手）が4種（切手）のマテリアルがそれぞれ展示できたことから深くリーフ以上、多彩な発行国・発行年代にしても、多様性を持たせます。

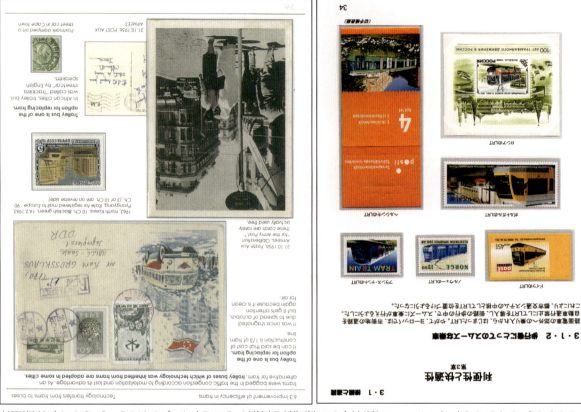

第1回海外作品（JAPEX2009に出品、P34）切手、小型シート、切手帳の三種。多モチーフマテリアル。

第7回海外作品（MALAYSIA2014に出品、P90）切手付き封筒、葉書、切手、消印の4種。郵便史でもあるため多くく各時代のマテリアルを挙げました。

1 リーフの中で同種のマテリアルを展示する例外

テーマティク郵趣で、1リーフに同類のマテリアルを並べても違和感がないのは、同種のマテリアルの製造面を追求し、それを展示する場合が想定されます。ただし、このようなリーフが何リーフも続くとか、作品中で何種類もの切手でこれらの研究リーフがあるというのは、ストーリー展開を阻害しているという判断になる恐れがありますのでご注意ください。

私の場合は最初からテーマティク郵趣から入り込んだので、むしろこのようなリーフに新鮮さを覚え、これらを活用して作品の外観に変化を付けたり、郵趣知識の構成点を伸ばしたりしようと考えましたが、他部門やトピカル部門である程度の経験をお持ちの方が、このような「郵趣研究リーフ」を作る場合には得てしてこれらのリーフが主役となってしまい、ストーリーを阻害する状況に陥りやすい傾向があるかとは経験的に感じています。ただ、このようなリーフは作品のアクセントになりますし、挑戦するのも良いでしょう。

郵趣知識の増やし方は、カタログから

第7回完成作品（MALAYSIA2014に出品, P20 より）ドイツのゲルマニア切手には様々なバラエティがあるので、代表的な製造面のバラエティを列挙しています。

なお、これらの郵趣知識を増やす方法ですが、主要国のカタログを買って眺めることが第一歩かと思います。ただ、いきなりスコット全巻をすべて網羅的に調査しようとすると、費用と時間の問題がありますので、第一歩としては、スコットのクラシック専門カタログがお勧めです。

また、テーマティク収集ではステーショナリーを使う機会が多いので、独ミッヘルの1960年以前のヨーロッパ・ステーショナリー・カタログが現実的に入手可能で、網羅的な本としてお勧めです。絶版の Higgins Gage 全世界ステーショナリー・カタログも有用性が高いのですが、入手が難しいため、頭の片隅に入れておくと良いといったレベルでしょう。

新切手情報は、世界的な視野で見ても JPS の「郵趣」誌の「世界新切手ニュース」は情報ソースとして優れており、日本人としては、日本語でも読めるので、ベストな選択肢です。

さらに興味あるマテリアルの専門書を入手すると、知識はさらに広がります。例えば、筆者は、収集が進むにつれて、全世界の消毒郵便の専門書や、一部のマルレディ封筒に描かれた広告別の評価額を記載した専門カタログを入手しました。1つのマテリアルの為に文献を買うと、郵趣知識を増やすための自分なりの方法論の広がりも収穫としてあり、投資効果が高い勉強方法だと思います。

Q11：マテリアルの上下には何を書いたら良いですか？ 書式、テーマによって「郵便的記述が必要」と聞きましたが、それはどういうことでしょうか。

テーマティク郵趣でマテリアルの周囲に記述すべきことは2つある

まず、最初に押さえておきたいことはテーマティク郵趣の場合、記述する要素は次の2点があります。

1. テーマ的記述（ストーリー）
2. 郵趣的記述（マテリアル側面の記述）

テーマ的記述をする箇所は、マテリアルの説（上）という原則を徹底してさえいれば、上下左右のどこに書いても問題はありません。ただ、右上を優先させる傾向はありますが、左右については〈縦書きはさらに右〉〈横書きはさらに左〉という原則を適用するほうが一般的な感覚には合致すると思います。また、上下のどちらかに並記します。上下のどちらに記載しても問題ないでしょう。

郵趣的記述の目的と記載すべき時

一方の郵趣的記述ですが、これについても書きます。マテリアルの発行国と発行時期が〈郵便的記述という要素が必要だ〉と思います。

これは以上、どのマテリアルに対しても記述するわけではありません。目的としては、マテリアルの属性を示したいものがあれば、それぞれ記述があれば良いと思っています。

マテリアルの様相を示したいものがあれば、それぞれ記述があれば良いと思っています。

また、郵趣的記述の位置ですが、マテリアルの上部以外であれば、さらに記述されていても違和感はないかと思われます。

マテリアルの上部を避けたほうが良い理由は、テーマ的記述のトーリーの主体であるテーマ記述がマテリアルの上部を占めれば、マテリアル下の目立たない上部に記述する本来あるべきマテリアルの主役であるテーマ的な部分を圧迫することになり、ストーリーの障害として機能することから避ける必要があるからです。

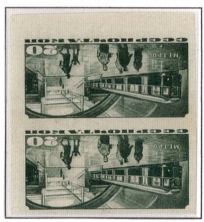

Subway Station of the avant-garde style

1935, Russia, Plate Proof

第8回帝展作品（JAPEX2016に出品, p90）

マテリアル（プルーフ）の発行年・発行国を記載しています。テーマティク郵趣の場合、発行年が発行国を記述するのは持参するマテリアルがテーマリーに適合するかを示すためです。

136

郵便史的記述を示す目的は、マテリアルの特性と稀少性の明示

さて、ここまで言及しました「郵便史的記述」とはどのようなものでしょうか。郵便史の3要素は、郵便料金、ルート、消印と言われますが、テーマティクの文脈では、これらを活用することになるでしょう。逆に言えば、郵便史コレクションのように詳しく書けば書くほど良いと言う訳ではなく、要点を絞らなければ、テーマ的記述が主体であるテーマティク収集としては本末転倒になってしまいます。消印の局名と日付は、最低限の記述として今までもテーマティク郵趣家はリーフに記述してきました。これに加えて、5年前から「料金とルートを記載してみてはどうでしょう？」と言う点がFIPの審査員から提唱されたのが、この「郵便史的記述」の正体です。

他部門に馴染んできてこれからテーマティク郵趣に取り組む方から見ると、至極、初歩的なお話であり、それ故、他部門での経験を活かせる部分だと思います。ただ、繰り返しますと、これを金科玉条的に解釈して、例えば、エコーはがきの実逓便の説明で、搭載されたであろうトラック逓送路の説明をするような「過剰」な説明をしても、それのみでPR要因になるとは思われません。筆者も、この分量や記述法については、様々な作品を見て勉強してきましたが、その模倣を繰り返す中で、意識するようになったことは、テーマティク郵趣において郵趣的記述を書く目的です。筆者なりの結論としては、そのマテリアルの特徴（テーマとの結びつき）や稀少性を示すためと考えました。

そうすると、何を記述すべきかが、他人の作品を見ずとも、分かるようになってきました。それと共に、まずは、マテリアルの全部に対して、郵便史的記述を網羅的に書くために調査の時間を空費するよりは、主要国など、調査結果が出たところから書いていくようになりました。主要国が現地人のために発行している専門カタログ（日本で言えば、日本切手専門カタログ）を読めば、料金、消印に触れていることも多数ありますので、筆者は郵趣文献の古書巡りを楽しみ、それらから少しずつ知識を得ています。

第7回完成作品（MALAYSIA2014に出品, P2-3より）路面電車で運ばれた後の航空路で運ばれたカバーということで、逓送路がテーマと結びついているので、その郵趣的説明を詳細にしています。

第7回完成作品（MALAYSIA2014に出品, P.39より）実逓便ですが、テーマとの結びつきは記念印の目的（ミラノ博覧会）のみですので、説明としては、局名と日付程度です。

Q12：切手の意匠の良く見える未使用車を展示するべきでしょうか？その原則は未使用車よりも使用済であっても差があれませんか？

切手デザイン（意匠）の示し方には、様々性との機能だが、未使用原則

8.2 Birth of LRT　　　Dedicated line laying for speed improvement of trams (Part 1)

As for the trams, service on schedule became difficult due to car congestion and it was thought to be a cause of decreasing of passengers. Therefore, the exclusive lines for trams were created as a concept.

Commemorating stamps of international time table conference

"Time table conference" that decides about time tables in order to operate train on precise time since 1872. Today this conference is named "Forum Train Europe"."

Registered mail:
126ZL, 3.10.1948,
Cieszyn

まず、質問の後半の「切手の原画の良く見える未使用で限る」に答えてしまうと、一方で使用済の質問の展開にお答えしたいと思います。可手図案は切手全体のテーマに関連するものがありますが、その次のように考えられます。

1　未使用切手の図案
2　カバー上の切手の図案
3　使用済切手の図案

収集初期は、1、2を総合わせてから多くの展覧作品だと思います。その初期段階としては、未使用切手は、カバーから剥がされているもの、使用済を除外されていないものが多いと思います。華美を未使用切手のクリーニングによる漂白化という機能性から使用者きれているものがあります。別の時期はあえて重複的に購入し、ストックしている切手のカバーから希少性の展示用と、上記の目的で使用しています。

第7回出品作品（MALAYSIA2014に出品、p119）図案よくわかる未使用車を無数に入手しています。後に残りのある多数徳納付のカバーに多数書まれたので、それぞれ正確の事を重要とするさん、さらに、もらパターンです。

138

カバーばかりの印象のリーフはトリートメント（展開）に雑駁な印象を与える恐れも

一方で、カバーを無闇に展示しても（特にありふれたカバーばかりですと）、高位の得点の獲得を目指すタイミングになりますと、スペースの無駄遣いとみなされてしまいます。

マテリアルの密度（一定のスペースあたりのマテリアル数）がどうしても少なくなってしまいますので、文章でそれを補おうとするあまり、「マテリアルと書き込みの両面でストーリーを示し、かつ、マテリアルが主役」と言う、テーマティク郵趣の原則から外れがちになるでしょう。そして、トリートメント（展開）が雑駁である印象を与えかねない恐れがあります。

少なくとも、1リーフにカバー（やステーショナリー）のみが並ぶ時は、異なる種類のものを選ぶと良いでしょう。（例；カバーとステーショナリー、プレスタンプカバーと切手貼りカバー、航空書簡と葉書など。）国や時代もバラすと良いでしょう。

リーフ全体のバランスも考えて展示するマテリアルを選択すると良いでしょう。

第7回完成作品（MALAYSIA2014に出品, P117）エンタイアが2通上下に並ぶリーフ ステーショナリーと民間郵便のカバー。できればそれぞれのマテリアルに説明をつけたいところ。

Q13：テーマティク作品でよく使われる「エコー印字」の郵便物について、未使用、使用済、消印なしのどれが良いのですか？

エコーはがきであれば、使用済です。

結論から言いますと使用済です。テーマティク郵趣は、テーマ性の強い郵便物が、スペースを何かに役立っているか（マテリアルがあるか）、で、素材としての使用済の郵趣品が最適になっています。したがって、テーマティクリーフを構成する際に、一般的にステーマティクリーフにおける最良の素材として紹介されている点は、使用済はがき・未使用はがき等により、一般的にエコーはがきに関しても、この例則がそのまま適用されるため、使用済が送付されたという実例です。

そもそもエコーはがきについて、一般に認識されているのは、広告が印刷されているリーフがあってよく、また、一般的にステーマティクリーフにおける最良の素材として紹介されている点は、使用済はがき・未使用はがきにより、結論的にどちらにも属するでしょう。

使用例の広い使用者が送られるように示すことです。郵便のはがきから見るように、郵便の代用品から見るようにエコーはがきは広告を出す出版物や郵便事業者の利用者がこれを購入して料金を支払うという特殊な経緯システムですが、使用後であれば、使用後であれば、郵便物として、郵便事業者のマテリアルに確かに強化されていきます。加えて、料金を加算した国際郵便等の最適な使用方法を持ち得た郵便使用例であれば、さらに郵便料金の多くを支えるものではないでしょうか。

なお、日本のエコーはがきは、「エコーはがき」があるようなステータにより、その素材にはさらに入手できる限定性が強く含まれます。国際的なスタンダードな国際郵便でもマテリアルのアベイラビリティが低くなってから、郵便事業者のエコーシステムを、日本のエコーはがきにおいても、日本の郵便事業者にとっても国際郵便直前問題では、このハンディキャップをスキャナーの技術により、郵便料が表示されている郵便料金が表示されている郵便料金の徴収が郵便事業者として扱えるよう、顕示の

エコーはがきは、第1回発売作品（JAPEX2009に出品、P23）第7回発売作品（MALAYSIA2014に出品、P113）エコーはがきは、第1回発売作品から多数作品を作っています。しかし、上記にいずれも本号の多くを占めるか、概ね、特徴ある運用例等を集めています。持ち主の思い込みや頭打ち初日的印刷のものは避けていただきます。

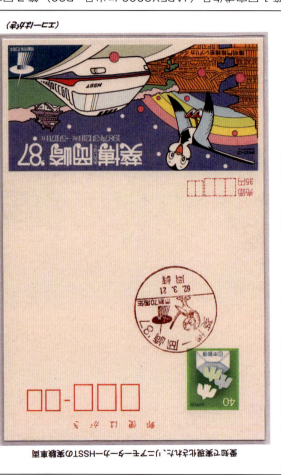

新幹線開業87 1987年3月21日〜4月19日 リニアモーターカーHSSTの実験車両（エコーはがき）

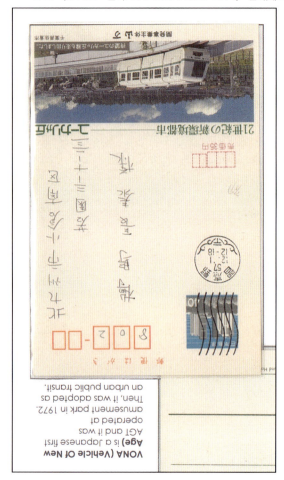

21世紀の新都市交通 コアラ（モノレール5両編成で登場しました）

VONA (Vehicle Of New Age) is a Japanese first AGT and it was operated at amusement park in 1972. Then, it was adopted as an urban public transit.

ステーショナリーのプルーフは競争展示向きの稀少品

一方で、蛇足になりますが、やはり例外事項は何においてもあるもので、筆者は以前、テーマティク部門ではありませんが国内の切手展でエコーはがきのプルーフを観ました。エコーはがきにおいて、プルーフはなかなか見ることがないものですので、お持ちなのであれば、それが一番です。ステーショナリーのプルーフは、(印面だけを示したものを除けば)切手のプルーフに比べて、一般的に面積も大きいがために、「稀少品」であることが一目瞭然ですので、展覧会でも映えやすいマテリアルだと、個人的には思います。

4銭 手彫封皮 のエッセイ（吉田敬氏蔵）
Ex. Fletcher, Ex. Koreywo, Ex. Chiba

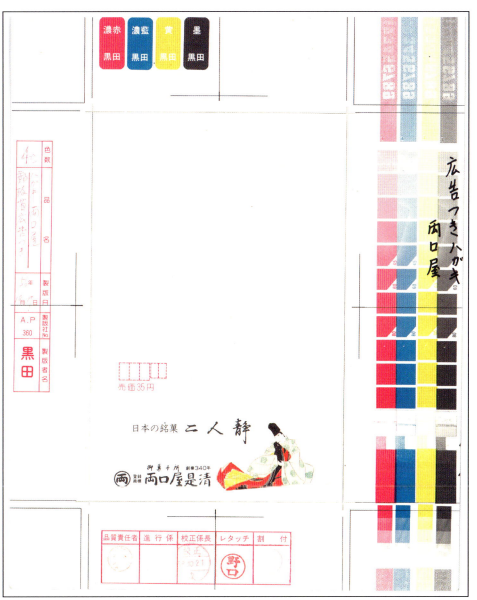

エコーはがきのプルーフ（吉田敬氏蔵）

Q14：テーマティク郵趣でConditionRarity（状態と稀少性）は、どの程度意識したらよいですか？

第1回の出品経験では、まず作品を成立させることが最優先

作りこみを急ぐあまり、その作品が「今後継続していけるのだろうか、作品を一回作って終わりかもしれない」と悩む出品者をよく見かけます。別例には意識を集中しつつも、コレクションの主題として描くことのようなスキルになってきます。筆者自身もなるほど、テーマ選定についての確信が得られた後、テーマリスト、トリートメント（展開）の検討などをすり合わせながらブラッシュアップを目指していました。これをは最後の郵趣材料でテーマを描いていたのですが、FRPモチーフを選ばれていたが、EP（作品）は現状でも十分に出品作品です。作品には主要な郵趣アイテム、そのとき入手可能な70ポイントを主題のように、テーマの種類や描出アイテム、マテリアルのライブラリィ、シリーズとしての、その部分を改善すれば意識度は改良されるという流れです。

稀少なマテリアル入手は、その時の運に合わせて使えていく

作品に出品しますような様々な出品で、「こんなマテリアルもある」と驚かされるようなことがあります。それぞれ個性あり、テーマの方向性を徹底整理して、マテリアルそれぞれがテーマに貢献することを確認してとく、と言いパターンです。一つには、情報をたとえ少ないものでも、描出の手段とします。ストーリーを豊富に入手ケンコアリティは高くなく、コレクション首位度を上げたい人にはうってつけのものです。筆者の印象では、多くの出品者は自由そして3段階あるから以上見ています。

- (1) 国際展金賞（国内展では大金票相当まで）：コンディションは一応意識しますが、あまりに稀少な料だけから。とか、ストーリーテリング上のその料の関連性の度合いが高いマテリアルとして優先度高いでしょう。
- (2) 国際展大金票以上：その切手が入手可能なユニーク（1点しかない）なマテリアルや多種類もの稀出して入れたいと想います。未使用のエッセイやエラーなど、例えは出品者出の数を把握してうえで、米使用のエッセイ、エラーなど、重大なエラーがある。
- (3) 国際展金賞以上：どこかくぎをリーフに金のものが得ないことをためかねて、トリートメント上もある程度の工夫が必要となります。

第1回の出品作品（JAPEX2009に出品、P22）第1回の作品では、代表的な郵趣品と箇条書上貨幣を組み合わせたもので、ブラッシュの順番付け使用例として臨みました。シンガポールのアパラパンスに着目し郵趣品の種類が淡泊していました。

2.2　参考と郵趣の関係

2.2.1　ランニングコストの軽減

第2章

2.2　郵趣活動におけるキャッシュ一覧表

「状態」は、周囲のマテリアルによっても違って見える

「状態」は他部門と検討基準は違いませんが、主にマテリアルの図案からストーリーを語るというテーマティク郵趣の根底を踏まえて特記しますと、切手の図案がきれいに見えないというのは致命的ですので、シミや使用済みで図案が見えないというマテリアルは使わない方が良いと考えた方が良いでしょう。

テーマティク郵趣では他部門と比べて、より多様なマテリアルが隣同士に展示される関係で、作品全体を見渡した時の「姿」として美しいかどうかというのは、よくよく考えてみる必要があると思います。

例えば、日本の茶封筒は、ヨーロッパのマテリアルと横並びになりますと、美観の意味から、テーマティク作品としては、なかなか配置に考慮を要します。また、整然と並んだ未使用切手の中に、事故郵便で破損したカバーが1点あると、これは逆に、作品中の「アクセント」と感じる場合もあります。

なお最後にSREVでは、次の文章があります。「郵便郵趣のルールに完全準拠することは、例えば、収集目的に合致しないアイテムの存在と関係する（例　カットしたスタンプか、カットしたステーショナリー、不適切なマキシマムカード）」

マテリアルのカットについては、郵趣知識での減点対象の恐れがあります。「不適切なマキシマムカード」は、マキシマフィリーの基準に照らし合わせて、基準を満たしていないものを指し示していますが、その基準は多岐にわたりますので、ここでは割愛します。マキシマムカードの使用についてはルール上、加点ポイントにはなっておらず、むしろ多用は減点ポイントです。シンプルに言えば、テーマティク作品では、なるべく使わないようにすることを考えるのが適当です。筆者も、第1回、第2回完成作品では、やむなく1－2点に絞って使いましたが、現在は使っていません。

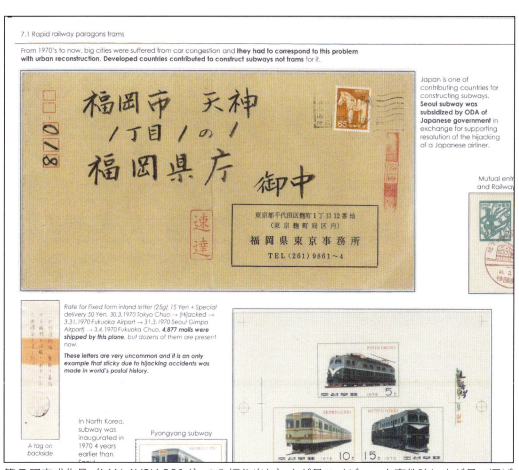

第7回完成作品（MALAYSIA2014のみ切り出し）よど号ハイジャック事件時によど号で運ばれたカバーは、稀少性はありますが、茶封筒であるので、美観として他のマテリアルとの整合性を取ることが難しいという課題が残りました。

Q15：テーマティックコレクションのタイトルリーフ、2ページ目には何を書いたら良いですか？

そもそも、タイトルリーフの定義は意外とあいまい

「タイトルリーフ」については、決まった書き方があります。でも、それらはルールではありません。特にありません。唯一明確なことは、作品タイトルを書いたページというだけです（自明なものとしてルールと呼ぶほどに浸透しているのですが、まれにタイトルリーフが1ページ目でない作品があります）。私の場合、第1回目作品ならば、題名の他、JAPEX時に紹介された作品リーダの写真も参考にして作成していました。それ以降は、国際展を睨みながらより良いと思ったことを重ねながら入れたりしたページへとアップしています。

タイトルリーフの書き方は、これが絶対というルールがありませんが、構成要素として FIP のルール (SREV) では、1ページ目（「プラン」と呼ばれる場合もあります）に、1ページ目に、2ページ目に「プラン」を書くようにと定義されています。（準拠日本流）。

1. プランは文献的記述や総論的な話が多すぎて鑑賞者に受け入れられない。
2. 数々の分類（例：総称、数字、発散システム）は、それが展示物物の理論的な裏付けとする。
3. 1ページに加えて、「プラン」はテーマを強調する。

経験上は、2個か3個の練達したシステムを考えるべきであるので、使える。それらはその主な要素に置かれるべきである。

1と2で、本の目次のように「喜」や「怒」の構成でプランを書きすぎるとよろしくないと思います。ルールのを見ようと、むしろ「怒」まで違が細かく示されるとストーリーのをかせてきることにも繋がれます。

1と2を満たすためには、「喜・怒」「喜・怒・哀」「喜・怒・哀・楽」の構成度ですか、十分だと思いますし、むしろ「怒」までで違が細かく示されるとストーリーのをかせてきることにも繋がれます。

3はまたタイトルリーフの「喜スタイトルリーフ」を「プラン」とも読めるようですから、彼代だが、国際展ではスページ目にはプランだけの情報を指載することが重要以上の作品は多いです。1ページ目に広くスケプランの自然を記載することが一般的で、著者もそれに従っています。

Q15: テーマティックコレクションのタイトルリーフ、2ページ目には何を書いたら良いですか？

第1回改作作品（JAPEX2009に出品）より、導入タイトルページ[P.1] 導入タイトルページ[P.2]

郵便発達
— 誕生期から発達にかけて、成立の条件—

	ページ	リーフ数
1 郵便の基準への達成作		
1.1 信書を運ぶしくみ	3-5	3
1.2 近代に入るところの書簡の登場	6	1
1.1.3 モーターサービス	7-8	2
1.2 物流の進展		
1.2.1 馬の登場	9	1
1.2.2 馬の設備	10	1
1.2.3 郵便への移流	11-12	2
1.3 鉄道路線		
1.3.1 初期的輸送	13-15	3
1.3.2 鉄道発送	16	1
2 必要条件の成立		
2.1 基本事項	17-18	2
2.2.1 エコパッケージ効果	19-22	4
2.2.2 貨車発送	23-24	2
2.2.3 輸送機化	25-26	2
2.2.4 配達の迅速化	27-28	2
2.4 郵便配送制度の実装	29-30	2
2.4.2 輸送費の多様化	31-32	2
3 利便者のための運用		
3.1 郵便切手の結達	33	1
3.1.2 鉄道便による輸送業務	34-35	2
3.2 アクセスポイントの拡充	36	1
3.2.1 郵便局の拡大	37-38	2
3.2.2 新設局	39	1
3.3 効果的な運用	40	1
3.3.1 郵便車事業	41-43	3
3.4 経営効果の安定		
3.4.1 郵便設備としての基盤	44	1
3.4.2 大都市の郵便事業	45-46	2
3.4.3 他事業との連携	47-48	2

筆者のおすすめは、1ページ目にタイトル・導入文・プランをまとめ、2ページ目からストーリーを始める形

最後に私が過去、指摘を受けた点を受けて、それぞれの要素を記述する際の留意点を記載します。なお、質問への回答をまとめると、前段で述べた通り、現在の筆者のおすすめは、1ページ目にタイトル、導入文、プランを記載し、2ページ目以降、すぐにストーリーの展開を始めることです。

この手法は、タイトルとプランに2ページを使うよりも、マテリアルが豊富にあるイメージを印象付けられるでしょう。もっとも、これは筆者の制作スタイルであり、評点との相関関係があるとはルールには記載されていません。

タイトル、導入文、プランの書き方の方法論は以下の通りです。

タイトル：一度作ったら、タイトルが示すものとプランが完全に一致しているかを確認してください。タイトルの方が、実際の内容より広範囲の場合は、タイトルに適切な副題を設けて、調整します。（例）「鉄道の歴史」と言うタイトルの作品で、貨物列車の内容がなければ、「鉄道による旅客輸送の歴史」に変更。

導入文：最低限「何について示した作品であるか？」を文章で示します。加えてプランの流れを簡潔な文章で説明するとより良いです。

プラン：ワンフレーム作品であれば2〜3リーフ単位、レギュラー部門であれば1〜2フレーム単位程度で1つの章を構成し、各章には3〜5程度の節を設けるのが適度です。
章や節が細かすぎると、作品が理解しづらくなる恐れがあるので避けたいところです。
「はじめに」や「その他」のような章や節は、テーマティク作品の原則として「ストーリー」から外れるので設けません。
なお、各章の記述の横に該当のページかリーフ数を記載します。後者のページ数は、日本では馴染みがないものですが、これは審査員が各章のリーフ数のバランスを見るには、リーフ数が示されている方が分かりやすいからです。

第7回完成作品（MALAYSIA2014に出品, P.1）
各章の記述の横に該当のリーフ数を示した例

016：審査員はコレクションの何をどんな目をつけてくれますか？

テーマティク作品の構成と出品は他部門よりむずかしい

郵便史について、郵趣品として要素的価値観を置きながら「質」をつけていくらい、と違ってしまったものだけからが扱われます。その運用はテーマティク部門特有のつぎの3点の特徴に厳密に集約されると考えます。その運用は次の通りです。

1. 多種多様なマテリアルがあり、特定のマテリアルが集中的に目立つということ

例えば伝統郵趣の専門コレクションであれば、ある特定のシリーズの切手が厳密に展示されますが、テーマティクでは、同種のマテリアルが多数集められて、「雰囲気」のマテリアルが的確に展示に並べられるかもしれません。一方で、テーマティクの郵趣品で多種多様なマテリアルがあり、それぞれから

2. 審査員に多種多様なマテリアルの知識を求めること

テーマティク作品の場合、多種多様な国のマテリアルが使用されます。伝統郵趣や郵便史であれば、出品期に集まれるマテリアルの種類の深さ、あるトピックを知りつけて集まれるもので、テーマティク作品の展示は、どちらからマテリアルか作品中にどこに選ぶかわかりません。脚部を知るためのマテリアルに渡す可能性がある作品が高いでしょう。

3. マテリアルの他に、郵趣要素においてメインテーマ上の重要性という2つの観点があり、審査についてはからむずかしい

テーマティク部門では、郵趣要素とその相対的重要度、その選択の基準が行われます。しかし、そこに「重要性」、という観点が、テーマティク部門的にはルール化され、審査員、郵趣知識の上のその重要性、テーマに作品を構成する上の重要性とから2つのテーマごとに検討されています。

(Left side) Eads Bridge where tram runs in St.Louis

Issued in 1898

Reissued in 1997, Design was originated by Bi-colored essay

1898, U.S.A., Bi-colored essay

The bi-color design had to be dropped because bi-color printing process was used for printing revenue stamps for Spanish-American war. **The bi-color design adopted to 2c of this issue at first. However, it was adopted as 2¢. Therefore, reissued stamp's design was denominated with "TWO CENTS"**.

Trams

Partial enlarged view

第7回岡崎作品展（MALAYSIA2014に出品、P45）より。トラムとミッシシッピ川橋巡りのエピソードは楽しい作品の一つ。

146

例えば、何らかのテーマと関連のあるペンスブルーの未使用ブロックが並んでいれば、郵趣的重要性の高いマテリアルですので、審査員はすぐに気づきます。一方、このトランスミシシッピ博覧会の切手は、筆者の路面鉄道がテーマの作品で用いており、世界で最初に路面電車が描かれた切手ですが、それが分かりやすく明示されていなければ、「テーマ作品を構成する上での重要性」に審査員がすぐに気づくことは困難です。

稀少性の示し方は他部門と異なる

スコアが上がっていきますと、なるべく、すべてのリーフに稀少性のあるマテリアルを配置することが求められてきます。それが達成できたとしても、稀少性の高さが「一見して分かりやすい」マテリアルだけではないことも事実です。また、伝統郵趣部門や郵便史で最近よく行われている、「赤枠でマテリアルを囲み稀少性を示す方式」ですと、稀少性の度合いを示すことの困難性という課題が残ります。

フレームの上部のリーフに稀少品を展示すると目立ちやすいと言ったお話なども、他部門の出品者の方からも伺うことはありますが、あくまでも審査員から稀少品を見つけてもらうための１つの戦術論であり、それが確実にポイントアップに結び付くかどうかとは別のお話ですし、そのような審査ルールはありません。

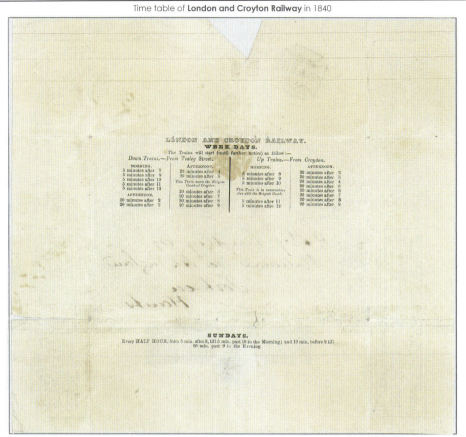

第７回完成作品（MALAYSIA2014に出品, P32）筆者の場合、稀少性は数量で示していますが、この作品では、郵趣的記述の文中で書く形ですので、審査員が丹念に読まない限り、やや分かりづらい表記です。

Q17: 良いパーマネントで部門の審査員の見分け方

日本人が一般的に出品できる競争画は、組織別に3種類ある

まず審査員が行う審査会を組織名と言いますが、日本人が出品できる競争画は、次の3種類のレベルごとに分けられます。

世界レベル（国際郵趣連盟 FIP（フィップ）主催）
アジアレベル（アジア郵趣連盟 FIAP（フィアップ）主催）
国内レベル（全日本切手展（全日本郵趣連合主催）、JAPEX（日本郵趣協会主催））

このうち、世界レベルとアジアレベルの切手展は、それぞれ年に1〜2度、不定期に大陸別の場所で開催されます。なお、「アジアレベル」と言っても、ヨーロッパやアメリカなど世界50か国の世界各国からも、上位20か切手展ごとに1回ずつ、単独で大陸以外の世界各国で開催されます。

次に、審査規格を持った審査員は明確な基準による厳格審査の合格者

競争切手の種類をごぞんじですが、競争切手と同じく、審査員にも世界レベル、国内レベル、アジアレベルの3種のレベルがあります。これらのうちの3レベルの審査員となるとは、準拠する規格で長くあります。現在、世界レベルとアジアレベルについては、国際郵趣連盟での受験義務と国内内での受験義務の条件をクリアして、かつ、国内の郵趣団体からの推薦を受けた受験者が決められたハードルをクリアして、審査未経験者と国際審査員の候補者が構成されて1つの試験会があります。（2回目は最初の参加から2年以内に受験を受ける方）が必要です。

審査員の審査については、引き手度のキーパーソンで重ねてされたものですから、審査員を出される方と、審査員を出ている方のこの厳格なことはないと見ます。そのための制限的・運用的な手段が各団体が決められています。

148

出品者が自分の目標を示すことで、審査員もニーズに沿ったコメントをしやすい

本書の主旨であるところの「競争展出品者は、大前提としてポイントアップを目指している」という点ですが、この点は、国内展出品の場合、明確化して審査員に伝えることが大事だと思っています。国内展に出品する人は、本書を入手するようなポイントアップに積極的な人だけでなく、自分のコレクションを出品してみて、どのレベルになるか試してみたかったという意識の人も数多くいるのではないかと、出品者と会話する限り感じられるからです。この点を仮に前提におきますと、審査員から自分の作品について、コメントを得ようとしても、やや一般論に終始したアドバイスしか得られない恐れがあります。

そこで、審査員から助言を得るときに、出品者が明確にした方が良いのは、自分が高位の得点の獲得を目指していること（できれば具体的な点数）を伝えることだと思います。これは一般社会でも特別なことではなく、例えば、予備校に通う偏差値50の高校1年生が、今の偏差値と同等の大学を目指したいというのと、偏差値60の大学を目指したいというのとでは、教師として、伝えることが変わってくるのと同様です。特にFIPのヨーロッパのテーマティク審査員の場合、審査員の役割の「思想」として、単に正確に点数を付けるだけではなく、出品者のモチベーション・アップにつながるような指導をセミナーで推奨していますので、PHILANIPPON 2011では、筆者にとっては、審査員が「やや優しすぎ」て、物足りない思いもありました。そこで、本展作品部のボランティアであった筆者は、会期が終わり作品解体までの時間に、若干呆れられながらもフィンランドのマヤンダー氏に声をかけ、チェコ人の金賞作品を例に指導を頂けたことが今に至るまで役立っています。

良い審査員は、その時に、自分の伝えたいことだけを伝えるのではなく、出品者のその時の目標レベル・現在のレベル・郵趣知識に合わせて、適切なアドバイスを出来る人なのではないかと筆者は思っています。また、ネガティブな評価について、直接的なコミュニケーションを好む文化圏と間接的な文化圏があると思われますので、そのような点を考慮に入れることも、個人的にはクリティークを血肉化するポイントになると考えています。

どんな審査員の意見も聞いてみる

一方で、様々な審査員との交流が出来て来たら相性が良いと思った人であれ、正直そうでないと思った場合であれ、様々な審査員の意見を聞くのも良いと考えています。各審査員間でのコメントに差異がなければ、アドバイスは全部取り込んでみる、という姿勢で取り組むと同時に、仮に差異が見られたら、これは案外チャンスだと思ってみてください。人情として「審査員間の意見に差異があるのは困る」と言う意見は尤もですが、審査が合議制である以上は、微妙な差異を分析するのも、作品の改善点の本質を知るための勉強になるかと思われます。筆者の経験上、そのような審査員間の「差異」が見られたときに、ネガティブな方向性の意見を表明した審査員の意見を受けて次回、改善をしたときに、大幅なポイントアップがありました（次回の切手展で同じ審査員が審査を担当した場合だけとは限りません）。また、なるべく複数人の審査員が同時にいる時に助言を受けると良いでしょう。

書籍名：郵趣的手題に出品する1ー70作りかた テーマティクコレクション編

著者：榎沢 祐一

監修：特定非営利活動法人 郵趣振興協会

発行：無料世界切手カタログ・スタンペディア株式会社
（住所：106-0032 東京都港区六本木 7-8-5 藤和六本木コープII・902）

発行人：吉田 敬

発行日：平成30年7月1日

発行部数：200部

価格：2,315円（税別）

Title : PHILATELIC EXHIBITORS' HANDBOOK -THEMATIC PHILATELY-
Author : Yuichi ENOSAWA
Supervision : Society for Promoting Philately
Publisher : Stampedia, inc.
CEO : Takashi Yoshida
Email : order@stampedia.net
Issue Date : July 1st, 2018
Number of Copy : 200
Price : 2,315 Yen (VAT excluded)

(C) STAMPEDIA,INC.